U0265459

■四川大学研究生课程建设项目（2016KCJS116）

《传统建筑保护与利用实践》编委会

·立项教材·

传统建筑保护与利用实践

Practice of Traditional Architecture Protection and Utilization

傅 红◎主编

Fu Hong◎Chief Editor

四川大学出版社

SICHUAN UNIVERSITY PRESS

图书在版编目（CIP）数据

传统建筑保护与利用实践 / 傅红主编. -- 成都 :
四川大学出版社, 2024.6
ISBN 978-7-5690-2715-0

Ⅰ. ①传… Ⅱ. ①傅… Ⅲ. ①古建筑－保护－研究
Ⅳ. ① TU-87

中国版本图书馆 CIP 数据核字 (2019) 第 016110 号

书　　名：传统建筑保护与利用实践
　　　　　Chuantong Jianzhu Baohu yu Liyong Shijian
主　　编：傅　红

选题策划：刘一畅
责任编辑：袁　捷　刘一畅
责任校对：梁　明
装帧设计：阿　林
责任印制：王　炜

出版发行：四川大学出版社有限责任公司
　　　　　地址：成都市一环路南一段 24 号（610065）
　　　　　电话：（028）85408311（发行部）、85400276（总编室）
　　　　　电子邮箱：scupress@vip.163.com
　　　　　网址：https://press.scu.edu.cn
印前制作：成都跨克创意文化传播有限公司
印刷装订：成都市火炬印务有限公司

成品尺寸：185mm×260mm
印　　张：16
字　　数：269 千字

版　　次：2024 年 6 月 第 1 版
印　　次：2024 年 6 月 第 1 次印刷
定　　价：88.00 元

扫码获取数字资源

四川大学出版社
微信公众号

前　言

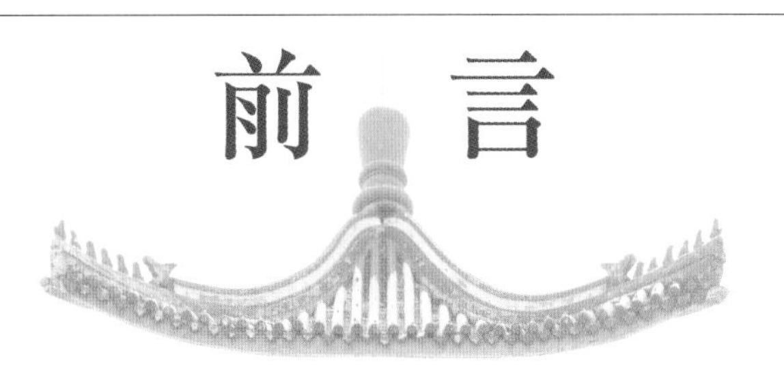

“传统建筑保护与利用实践”既是建筑学专业本科生必修的一门高级应用型课程，也是该专业及相关专业如城乡规划、风景园林、环境艺术等研究生必须学习的专业知识。作为具备一定专业理论知识和审美基础的建筑学及相关专业学生，不仅需要掌握鉴赏传统建筑、文化名城等的能力，还需要学习相关保护利用政策法规以及国内外对于传统建筑资源的保护与利用的先进经验，对于传统建筑资源开展更加合理的保护与利用。

我国传统建筑保护与利用实践的建设工作已度过初级发展期，然而，除了皇城古都所在地及江浙皖地区，各地的传统建筑保护及古城区域规划工作仍较为滞后。四川大学作为西南地区具有代表性的一所高校，其建筑与环境学院建筑学专业早年已开设此类课程，笔者以此为基础，总结多年教学经验，编撰出一本介绍中国各地区尤其是四川地区人文地貌的传统建筑保护教材，以求充分展示位于这些地区偏僻之所、不为众所知的传统建筑和古城、古镇、古村的风貌。同时，笔者追随中国第一代历史文化遗产保护和传统建筑保护规划大家阮仪三等学者之脚步，对传统建筑保护成果进行时代性更新，试图填补现今国内建筑学专业教材在地方性传统建筑保护利用上的空缺。

本书大量列举了国内外相关文件、课题成果以及历史文献，并对部分偏远区域的传统建筑进行了实地图像采集，尤其希望为后面研究四川地区古城古镇古村的学者提供较翔实的基础调研资料和些许可借鉴之思路，也能够很好地指导高校建筑学专业的学生从建筑学的视角出发，在更为贴近历史、贴近数据事实的基础上进行历史文化名城、名镇、名村规划及古建单体保护利用的基础性学习，并开

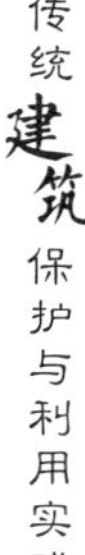

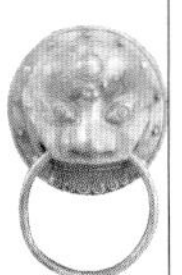

展古建保护相关研究。

本书主要分为三个部分：

第一部分即本书第一章，该章回顾了国内外关于传统建筑保护的探索与实践，明确传统建筑保护的时代意义，梳理了我国关于传统建筑保护的政策法规，并在此基础上深入分析了我国传统建筑的价值与面临的生存危机。

第二部分由第二至四章组成，该部分介绍了我国历史文化名城、名镇、名村的保护策略，并选择了最具典型性的历史文化名城、名镇、名村为案例，以小见大地开展分析，以期做到逻辑清晰、资料翔实。

第三部分由第五章与第六章组成，其中第五章主要介绍了传统建筑保护与修缮原则及技术，并配之以丰富的传统建筑保护和修缮实例；第六章则专门介绍了传统建筑再利用的意义与原则，以及基于实践而总结出的四种传统建筑再利用模式，并佐以丰富的实例。

在本书的写作中，王甜、杨洋、陈晗、耿藤瑜、曾雅婕、吴沛娟、徐伦会、郭川辉等同学给予了很大的支持，杜茜、伊安然、柳欣雨、汪水敏、崔英琦、叶丹妮等同学也做了很多辅助工作。在此衷心感谢所有为本书之编撰付出辛勤努力的人员！

笔者从2007年开始承担“传统建筑保护与利用”课程的教学工作起，至今已十余载。本课程的核心目的始终如一——培养学生保护传统建筑的意识，促使学生理解传统建筑保护与利用的原则。希望今后能够有更多学者加入进来，对我国的传统建筑保护与利用实践建设贡献一己之力，使我国传统建筑保护策略能够做得更加完善且顺应时代潮流。

傅　红

2024年5月

目录
Contents

第一章

文化遗产保护理论综述与传统建筑概论

第一节　文化遗产保护内涵

一、文化遗产保护概述

（一）相关名词释义

“文化遗产”源自于古代西方“纪念物”（Monument）的概念，后随时代的发展而演变。20世纪50年代以前，“文化遗产”多称为“文化财产”（Cultural Property）或“历史文物”（Historical Relics），“文化财产”第一次出现在1954年《海牙公约》的前言部分，“历史文物”第一次出现在1964年的《保护文物建筑及历史地段的国际宪章》（即《威尼斯宪章》）“定义”的第一条。1972年的《世界遗产公约》对“文化遗产”做了明确的定义。①

（二）遗产的概念

根据《辞海》的解释，遗产包括两重含义：一是死者留下的财产，包括财物、债权等；二是历史上遗留下来的物质财富和精神财富。②我国学者向云驹在综合这两重含义的基础上，将遗产归纳为传承下来的、可以继承的事物。③

联合国教科文组织1972年在巴黎通过的《保护世界文化和自然遗产公约》（又称《世界遗产名录》），按照自然与文化的相对标准将世界遗产分作两大类：自然遗产和文化遗产。

1. 自然遗产

自然遗产包括以下两个方面：①从审美或科学的角度看，具有突出的普遍价值的地质和自然地理结构，以及明确划为受威胁的动物和植物生存区；②从科学、保护或自然美的角度看，具有突出的普遍价值的天然名胜或明确划分的自然

① 张书勤. 建筑学视野下世界文化遗产保护的国际组织及保护思想研究[D]. 天津：天津大学硕士学位论文，2012.

② 夏征农. 辞海[M]. 上海：上海辞书出版社，1999.

③ 向云驹. 人类口头和非物质遗产[M]. 银川：宁夏人民教育出版社，2004.

区域。[①]

2. 文化遗产

文物：从历史、艺术或科学的角度看，具有突出的普遍价值的建筑物、碑雕和碑画，具有考古性质、成分或结构的铭文、窟洞及其联合体。

建筑群：从历史、艺术或科学的角度看，在建筑式样、分布规律或与周边环境的协调方面，具有突出普遍价值的独立或连接的建筑群。

遗址：从历史、审美、人种学或人类学角度看，具有突出普遍价值的人类工程或人与自然的联合工程，以及考古遗址地带。[②]

（三）文化的类别

根据文化定义的物质要素性质，文化可分成物质文化和非物质文化。物质文化主要指以物质形态为要素的文化，即凝聚、体现、寄托着人的生存方式、生存状态、思想感情的物质过程和物质产品。非物质文化是主要以非物质形态为要素的文化，它包含以下三个要素。

其一，从文化的来源看，文化是人类创造的。“文化”与“自然”相对，是人改变世界（包括人本身）的自然面貌而成的。

其二，从文化生成的途径看，文化是人类在劳动中创造的。人类在认识自然界、改造自然界的同时，不断提高自身的思维能力，不断对外部世界各种事物进行价值思维和判定，在这种劳动的过程中人类创造了文化。

其三，从文化的性质看，文化是人类社会发展的产物。

由上可知，文化是人类的创造物。

综上所述，根据物质统一性原理和物质形态的哲学分类，对文化可做出如下的定义：文化是人类群体创造的物质要素和非物质要素的统一体。所谓物质要素，是人类在劳动过程中创造的具有客观实在性的方面，属于社会存在范畴，包括人工物质形态、社会物质形态。所谓非物质要素，是人类在劳动过程中创造的具有主观能动性的方面，属于社会意识范畴，包括社会心理和思想体系。

（四）非物质文化遗产

非物质文化遗产是指各种以非物质形态存在的，与群众生活密切相关、世代

① 王景慧，等. 历史文化名城保护理论与规划[M]. 上海：同济大学出版社，1999.
② 王景慧，等. 历史文化名城保护理论与规划[M]. 上海：同济大学出版社，1999.

相承的传统文化表现形式，包括口头传说和表述、传统表演艺术、民俗活动、礼仪与节庆、有关自然界和宇宙的民间传统知识和实践、传统手工艺技能等，以及与上述传统文化表现形式相关的文化空间。[①]

（五）复合文化遗产

复合文化遗产是指非物质文化遗产以及与其相关的文化空间和物质文化遗产。与传统建筑相关的复合文化遗产，主要包括在建筑式样、分布规律或与周边环境的协调方面具有突出普遍价值的历史文化名城（街区、村镇）、文化景观、文化线路、文化生态保护区等。

（六）文化财产

1954年的《海牙公约》第一次阐明了“文化财产”的三种不同概念：

（1）对每一民族文化遗产具有重大意义的可移动或不可移动的财产，例如建筑、艺术或历史纪念物，而不论其为宗教的或非宗教的；考古遗址；作为整体具有历史或艺术价值的建筑群；艺术作品；具有艺术、历史或考古价值的手稿、书籍及其他物品；科学收藏品、书籍、档案等重要藏品或上述财产的复制品。

（2）其主要和实际目的为保存或陈列（1）项所述可移动文化财产的建筑，例如博物馆、大型图书馆和档案库，以及拟于武装冲突情况下保存（1）项所述可移动文化财产的保藏处。

（3）保存有大量（1）和（2）项所述文化财产的中心，称之为“纪念物中心”。

总体来看，人们对保护文化遗产的认识是逐渐发展起来的，它主要有以下特点：

第一，从保护建筑艺术精品，如由宫殿、教堂、寺庙，发展到保护与普通人生活密切相关的一般建筑，如乡土民居、工业建筑、传统老字号等。

第二，从单体的文物古迹扩大到历史地段、历史城市，乃至包含若干国家、若干城市的“文化路线”。

第三，从重视古代文化遗产到重视近现代的文化遗产，从保护与当今生活已无关联的古建筑遗址等发展到保护现在还有人继续生活、继续使用的建筑遗产、

① 曾琼毅．文化遗产框架下历史街区概念的诠释[J]．四川建筑，2010（03）：17-18.

历史街区等。

第四，从保护单一要素的文化遗产发展到保护多种要素的综合性文化遗产，如保护自然和文化的双重遗产，保护城市的历史性景观。

第五，从保护物质文化遗产、非物质文化遗产，到保护复合文化遗产的转变。

综上所述，人们对保护文化遗产的认识经过以上五个方面的转变，从而实现了物质文化遗产、非物质文化遗产、复合文化遗产保护的观念转变。①

二、列入《世界遗产名录》标准

（一）自然遗产的选定标准

凡被推荐列入《世界遗产名录》的自然遗产，须至少符合下列一项标准，并同时符合真实性标准：

其一，代表地球演化的各主要发展阶段的典型范例，包括生命的记载、地形发展中主要的地质演变过程或具有主要的地貌或地文特征；

其二，代表陆地、淡水、沿海和海上生态系统植物和动物群的演变及发展中的重要过程的典型范例；

其三，具有绝妙的自然和物种多样性的栖息地，包括有珍贵价值的濒危物种。

（二）文化遗产的选定标准

凡被推荐列入《世界遗产名录》的文化遗产，至少应符合下列一项标准，并同时符合真实性标准：

第一，能代表一项独特的艺术或美学成就，构成一项创造性的天才杰作；

第二，在相当一段时间或世界某一文化区域内，对建筑艺术、文物性雕刻、园林和风景设计、相关的艺术或人类住区的发展已产生重大的影响；

第三，具有独特性、珍稀性或悠久的历史；

第四，构成某一类型结构最富特色的例证，这一类型代表了文化、社会、艺术、科学、技术或工业的某项发展；

① 曾琼毅. 文化遗产框架下历史街区概念的诠释[J]. 四川建筑，2010（03）：17-18.

第五，构成某一传统风格的建筑物、建造方针或人类住区的典型例证，这些建筑或住区本身是脆弱的，或在不可逆转的社会文化、经济变动影响下已变得易于损坏；

第六，与有重大历史意义的思想、信仰、事件或人物有十分重要的关系。[①]

第二节　国内外文化遗产保护实践

在人类发展的历史长河中，文化遗产是个充满魅力的话题，文化遗产保护的本质是文化的继承问题。与人类漫长的文明史相比，真正意义上的文化遗产保护史只是短暂的一瞬。[②]文化遗产的传承，是对人类文明的继承与延续，因此，国际文化遗产保护的历程也随着时代的发展而不断深入，如保护内涵拓展化、保护内容丰富化、保护形式多样化。同时，国际社会也在不断地摸索、探求中将文化遗产保护扩展到新的领域，文化遗产在文化领域所具备的特殊价值日益受到国际社会的高度重视。

一、国外文化遗产保护的探索

在世界建筑史册上，我们会看到这样的内容：项羽火烧咸阳城，“大火三月不灭”；金兵入关，拆毁汴梁皇宫，修筑金中都；古罗马帝国摧毁希腊城市和宫殿；中世纪的十字东征军沿途破坏掠烧，等等。古人基于“革故鼎新”的政治认知，将代表前朝的建筑群（尤其是作为权力象征的皇宫）甚至城市进行毁灭性的破坏，以彰显新王朝和新政权的诞生。

近代工业革命前后，人们忙于发展生产，对古建筑和历史环境的保护既缺乏认知又无暇顾及，甚至出现了一批批古建筑及其历史环境在工业化的浪潮中遭到毁灭的现象。随着社会生产力的发展，新材料、新技术的出现以及现代主义思潮

① 王景慧，等. 历史文化名城保护理论与规划[M]. 上海：同济大学出版社，1999.
② 单霁翔. 文化保护视野应顺时而变[J]. 北京观察，2012（05）：8-9.

席卷全球，作为对古典复兴主义和折中主义的反对，人们一度对历史建筑持排斥态度，这也在一定程度上对文物建筑的破坏起到了推波助澜的作用。① 例如，名列“建筑五大师”之一勒·柯布西耶，曾提出一个针对巴黎中心的改建规划，按照这一方案，巴黎塞纳河北岸古都城内的老区将全部拆除，而被一些现代的高楼和立体交通所取代。该方案虽未得到落实，但却反映出了这一时期文物保护观念的薄弱。

在经历诸多教训和挫折之后，人们才逐渐认识到历史建筑具有种种不可替代的价值和作用。18世纪中叶，英国的古罗马圆形剧场成为欧洲第一个被立法保护的古建筑，这标志着文物保护概念的范围已从手工艺术品扩展至建筑。② 19世纪以来，各国纷纷对文物保护立法，如法国1840年颁布的《历史性建筑法案》、1913年颁布的《历史古迹法》、1930年颁布《遗址法》；英国1877年成立古建筑保护协会后，于1882年颁布的《古迹保护法》、1913年颁布《古建筑加固和改善法》、1931年颁布《古建筑加固和改善法（修正案）》、1953年颁布《古建筑及古迹法》；日本于1897年颁布《古神社寺庙保存法》、1919年颁布《古迹名胜天然纪念物保护法》、1929年颁布《国宝保护法》、1952年颁布《文物保护法》；美国于1960年颁布《文物保护法》等。③

在十七八世纪的欧洲，意大利、英国、法国等国家就已经开始出现保护遗产的启蒙意识，但相应的保护和修复工作在欧洲真正得到重视并落地实施，应始于18世纪末。直至19世纪中叶，这项工作才得到进一步科学化，与其相关的一些基本概念、理论亦开始形成。20世纪二三十年代，国际联盟提出，应将世界文化遗产作为人类共有的遗产，通过国际合作的方式予以保护。第二次世界大战时，许多国家因经历战乱，文化遗产保护领域的研究机构、博物馆、历史建筑等均受到严重损害。1942—1945年间，相关组织在伦敦多次召开国际大众教育及文化部长筹备会议，希望能够通过国际力量对战后各国城市及文化遗产进行整修、复原等工作。1945年，联合国教科文组织成立，总部设在法国巴黎。1948年，联合国教科文组织开始展开关于“不可移动”的世界文化遗产的保护工作。④ 虽然当时

① 王景慧，等. 历史文化名城保护理论与规划[M]. 上海：同济大学出版社，1999.
② 段勇. 文化遗产保护与城市协调发展初探——泰山与泰安[D]. 天津：天津大学硕士学位论文，2004.
③ 王景慧，等. 历史文化名城保护理论与规划[M]. 上海：同济大学出版社，1999.
④ 张书勤. 建筑学视野下世界文化遗产保护的国际组织及保护思想研究[D]. 天津：天津大学硕士学位论文，2012.

只进行了一些关于基金的设立、遗址的保护及恢复等工作的讨论，但却可以将其视为国际上第一次以合作的方式保护古迹遗址的实践。1954年，世界各国在海牙讨论文物保护问题，并通过《武装冲突情况下保护文物财产公约》（即《海牙公约》），以减少战争对文物的毁灭性威胁。

值得一提的是，国际文化遗产保护中，代表国际认同的两个指导性文件分别产生于20世纪30年代和60年代，即1931年在第一届历史纪念物建筑师及技师国际会议上通过的《有关历史性纪念物修复宪章》（《修复宪章》）和1964年的《国际古迹保护与修复宪章》（《威尼斯宪章》）。其中，后者强调利用一切科学技术保护和修复文物建筑，使之永久存续。

综上所述，随着国际社会对文物认识的细致和深化，人们对文化遗产的保护对象也从单一文物发展到各种文化遗址和历史性建筑，再扩展到保护历史街区、历史城镇，以及各类具有重大历史文化价值的历史地段①；保护的范围也逐渐由最初的以纪念性建筑为主，发展到如今具有规模性和完整性、与人生活密切相关的传统民居建筑与古村落。

（一）世界文化遗产保护组织与相关法律文件

1. 世界文化遗产保护组织成立的背景

直到19世纪末，保护文化遗产仍只是某些国家关注的问题。欧洲各国关于文化遗产保护的法律，大部分都可以追溯到那个时期，而且大量的保护组织也只存在于各国内部。文化遗产保护的国际化是伴随着第一次世界大战后国际联盟的创建及第二次世界大战后联合国组织（1945）和联合国教科文组织（1945）的建立而形成的。

2. 关于保护世界文化遗产的法律文件

随着时代的发展和现代生活方式的改变，人类对世界文化遗产越来越重视，对世界文化遗产保护的认识也不断地发展、变化。② 世界文化遗产是人类共同拥有的财富，保护它不仅是每个国家的重要职责，也是整个国际社会的共同义务。因此，联合国教科文组织和其他国际组织为此起草和通过了一系列保护世界文化

① 张书勤. 建筑学视野下世界文化遗产保护的国际组织及保护思想研究[D]. 天津：天津大学硕士学位论文，2012.

② 张书勤. 建筑学视野下世界文化遗产保护的国际组织及保护思想研究[D]. 天津：天津大学硕士学位论文，2012.

遗产的重要法律文件，旨在促进国际社会对文化遗产的保护。[①]继联合国教科文组织（1945）、国际博物馆理事会（1946）成立之后，国际社会又陆续成立了国际文物保护与修复研究中心（1958）、国际古迹遗址理事会（1965）、联合国教科文组织世界遗产委员会（1976）、国际工业遗产保护委员会（1978）、世界遗产城市联盟（1993）、国际蓝盾委员会（1996）等官方或非官方的国际组织，以共同研究世界文化遗产的保护问题。此外，国际社会还先后通过了《威尼斯宪章》《世界遗产公约》《内罗毕建议》《华盛顿宪章》《奈良真实性文件》《世界文化多样性宣言》等涵盖文化遗产保护方方面面的文件。近二十年来，关于文化遗产保护的国际会议频繁举行，各种“宪章”“宣言”繁多，关于遗产保护的认识也有了新的发展。[②]

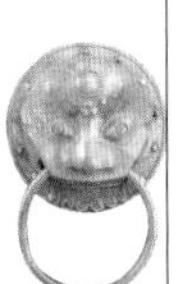

（二）国外文化遗产保护经典案例

欧洲拥有丰富的历史文化遗产，同时对文化遗产保护的思想起源也相对较早。[③]欧洲人对文物建筑和历史纪念物广义上的保护行为，至少可以追溯至古罗马时期，而在文艺复兴及以后，这一保护行为又得到了进一步的发展[④]，并产生了很多经典的文化遗产保护实例，如意大利对庞贝古城、罗马斗兽场（图1-1、图1-2）的保护，法国对巴黎的保护，德国对柏林的保护，英国对伦敦的保护，波兰对华沙等城市的保护。在这一系列的保护实践中，法国的卢浮宫、凡尔赛宫、巴黎圣母院，英国的大英博物馆，意大利的比萨斜塔，德国的亚琛大教堂等，均得到了严密和完善的保护。即使是被战争破坏的建筑或城市，也按照“整旧如旧”的原则得到修复或重建。

① 阮仪三. 世界及中国历史文化遗产保护的历程[C]. 建筑历史与理论（第六、七合辑），1994：184-194.
② 张书勤. 建筑学视野下世界文化遗产保护的国际组织及保护思想研究[D]. 天津：天津大学硕士学位论文，2012.
③ 段勇. 文化遗产保护与城市协调发展初探——泰山与泰安[D]. 天津：天津大学硕士学位论文，2004.
④ 段勇. 文化遗产保护与城市协调发展初探——泰山与泰安[D]. 天津：天津大学硕士学位论文，2004.

图1-1　意大利庞贝古城（作者自摄）

图1-2　意大利罗马斗兽场（作者自摄）

20世纪以来，欧洲外的其他国家也日益重视对文化遗产的保护，如日本的京都（图1-3）、奈良（图1-4），埃及的金字塔（图1-5）和缅甸的曼德勒经院（图1-6）等世界级历史文化名城和历史遗产，在相关部门的努力下得到了很好

图1-3　日本京都（杜海辰摄）

图1-4　日本奈良（杜海辰摄）

图1-5　埃及金字塔（陈鸿摄）

图1-6　缅甸曼德勒经院（作者自摄）

的保护。

值得一提的是，我国著名建筑学家梁思成先生对日本京都和奈良两座文化古城的保护做出了相当大的贡献。在1945年初，为逼迫日本投降，美国计划对日本重镇——京都和奈良发射两枚原子弹。梁思成得知消息后，立即赶往美军设在重庆的指挥部，向史门克陈述保护人类文明结晶——奈良和京都的重要性。梁思成以文物建筑的不可复原性说服了史门克，最终，他的建议得到美军空军指挥部的采纳，日本的这两座历史文化名城也得以保存。①

二、中国文化遗产保护的发展

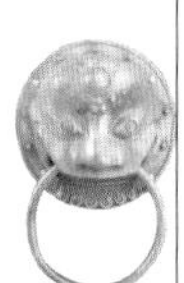

（一）国内文化遗产保护理念的形成

我国现代意义上的文物保护，始于20世纪20年代的考古活动。北京大学于1922年设立了考古学研究所，后又设立考古学会，这是我国历史上最早的与文物保护密切相关的学术研究机构。② 1929年，中国营造学社成立，为我国不可移动文物的保护工作迈向科学化、系统化打下了坚实的理论与实践基础。1930—1932年，国民政府颁布了一系列法令，并设立专职机构，开始了国家对文物实施保护与管理的进程。但由于政局的动荡和战争的频繁，该项工作没有形成长期稳定的管理机制。③

20世纪50年代，以梁思成为代表的一些有识之士非常重视我国建筑类文化遗产的保护，开始了文物古建筑的保护和修缮工作，并积累了许多宝贵经验，文物保护战线也涌现出了以罗哲文、杜仙洲等为代表的一大批文物古建筑保护专家。

我国城市遗产保护专家阮仪三在《中国历史古城的保护与利用》一文中指出了四项保护原则：原真性、整体性、可读性和永续性。其中原真性指的是要保护历史文化遗产原来的真实历史原物，要保护它所遗存的全部历史信息。陈志华先生也认为，真正的现代文物建筑保护，着眼于保护它的原生态，保护它们本来的一草一木，一砖一瓦，保护它们的实体（或要素），而不是以说不清道不明的“风貌”当作保护的主要对象，提出：建筑的改造应当遵从文物建筑保护的“最

① 林洙. 梁思成、林徽因与我[M]. 北京：中国青年出版社，2011.
② 阮仪三. 历史建筑与城市保护的历程[J]. 时代建筑，2000（03）：10-13.
③ 王景慧，等. 历史文化名城保护理论与规划[M]. 上海：同济大学出版社，1999.

低程度干预原则”“可逆性原则”“可识别性原则”和“可读性原则”，同时，应保留每一类建筑中的一两幢不予改动，并保存它原有的家具、工具、器物和历史、生活、习俗等特色和印记[①]。中国社会科学院的杨鸿勋先生则指出，《威尼斯宪章》在保护原则的制定上没有考虑到以中国为代表的东亚传统建筑体系，提出要建立有中国特色的历史文物保护原则。[②]文物保护专家罗哲文则针对罗马古建筑修复后的色调和质地与原建筑具有强烈的反差，提出修复效果应该“乍看起来不刺眼，仔细一看有区别”的观点等[③]。

（二）国内文化遗产保护体系的建立

我国历史文化遗产保护体系的建立，经历了形成、发展与完善三个阶段。

1. 形成阶段：以“文物保护”为中心内容的单一体系

新中国成立后，相关部门开始采取措施，建立文物保护制度。20世纪60年代中期，我国初步形成了文物保护制度，但随后便遭受严重破坏，直到70年代中期，文物保护工作才逐步恢复。1982年《中华人民共和国文物保护法》的颁布进一步完善了我国文物保护的法律制度，标志着我国以文物保护为中心内容的历史文化遗产保护制度的形成。

2. 发展阶段：“文物保护”和“历史文化名城保护”并重的双层次保护体系

改革开放以来，随着城市改造导致的文化遗产及其环境（尤其是城市传统风貌）遭到破坏或改变的问题愈发突出，使文化遗产及其环境所面临的保护问题，渐渐从单个文物建筑转向整个具有历史文化传统的城市。1982年，我国首批24个国家历史文化名城的公布，标志着历史文化名城保护制度的初步形成。20世纪80年代初至90年代中期，我国的历史文化名城保护制度不断得到发展和完善，保护对象由单体文物向文物环境及整个历史街区拓展，由物质空间结构向非物质要素的拓展，最终形成了双层次保护体系。但此时历史文化保护区尚未作为一个独立层次被列入保护体系。

① 陈志华.文物建筑保护文集[M].南昌：江西教育出版社，2008.

② 杨鸿勋.关于历史城市与历史建筑保护的基本观点[J].建筑知识，2007（01）：24-28.

③ 张书勤.建筑学视野下世界文化遗产保护的国际组织及保护思想研究[D].天津：天津大学硕士学位论文，2012.

3. 完善阶段：重心转向历史文化保护区的多层次保护体系

1996年召开的屯溪会议明确指出，“历史街区的保护已成为保护历史文化遗产的重要一环”。1997年，文物保护部门进一步明确了历史文化保护区的特征、保护原则与方法，并对保护管理工作给予具体指导。历史文化保护区制度的建立，既标志着我国历史文化遗产保护体系建构的完成，同时又标志着我国历史文化遗产保护制度向完善与成熟阶段迈进。①

（三）国内文化遗产保护存在的问题

总的来说，国内文化遗产保护虽然已形成了较为完善的制度和体系，但仍存在一些问题。

首先，国内文化遗产保护原则的推广渠道较为单一，对保护观念的探讨不受重视，区域性、对策性、实证性的研究还有待拓展。相关的研究应由以“物”为本转向以“人”为本，使保护文化遗产的观念尽快在更多人心中生根发芽。

其次，未建成一套系统、科学的文化遗产保护研究指标体系。大量研究集中于城市发展、旅游发展与文化遗产的具体保护，而关于文化遗产保护的先进理论、技术方面的研究、非物质文化遗产的传承研究相对薄弱。在文化遗产中，人们较多关注文物建筑本体，而对周边环境的研究只能说是刚刚起步。同时，对文化遗产的损毁原因也缺乏全面分析。

最后，现有文化遗产保护体系多以世界遗产和名城、国家文物保护对象等高等级遗产为重心。而对大量普通古迹的保护和民族民间文化的传承却因缺少关注而被忽略。

（四）国内文化遗产遭受破坏的三种类型

在本书中，我们大致将国内文化遗产遭受破坏的现象分为以下三种类型。

第一种类型：建设性破坏，即因实施国家经济和社会发展的工程项目而导致的文化遗产破坏。20世纪90年代至今，建设性破坏一直是中国文化遗产破坏的主因。在“一浪高过一浪”的经济建设大潮中，我国许多有价值的古代和近现代文物建筑、历史街区被拆毁，大部分古城已经失去了原有的纯正历史风貌。

第二种类型：开发性破坏，即在文化遗产的社会性享用中产生的破坏。它是

① 王景慧，等. 历史文化名城保护理论与规划[M]. 上海：同济大学出版社，1999.

随着大规模文化遗产旅游资源的开发而出现的，是新时期中国文化遗产破坏的另一个主因，并将可能成为第一主因。盲目、过度的旅游开发建设，不断对本属于旅游核心资源的文化遗产造成毁灭性的破坏。开封的“宋街”、沛县的“汉街”等仿古建筑层出不穷，使许多有价值的历史街区沦为“假古董”。[①]当然我国的文化遗产也不乏保存较为完好的案例，如阆中古城、丽江古城（图1-7）、西江苗寨（图1-8）、稻城亚丁村（图1-9）、福建土楼（图1-10）等。

图1-7　丽江古城

图1-8　西江苗寨（易兵摄）

① 梅联华. 对城市化进程中文化遗产保护的思考[J]. 山东社会科学，2011（01）：56-60.

图1-9 稻城亚丁村（作者自摄）

图1-10 福建土楼（作者自摄）

第三种类型：规划性破坏，即在没有确定城市的文化个性之前就进行规划，从而对文化遗产造成了破坏。已经或正在发生的事实告诉我们，规划性破坏这一问题可能比我们想象的还要严重。[①]

① 梅联华. 对城市化进程中文化遗产保护的思考[J]. 山东社会科学，2011（01）：56-60.

第三节 传统建筑概论

一、传统建筑之概念

在诸多关于“传统建筑”的研究成果中，专业名词不胜枚举，如建筑遗产、文物保护单位、历史建筑、文物建筑，等等。这些繁多的称谓，虽然丰富了人们对传统建筑的认知，但也容易带来歧义和误解。

其实，不同的专业名词，就其含义而言，必然会严格地受到某些概念的规范和限制。[①] 因此，对这些由概念引申出来的专业名词进行系统的梳理，就显得很有必要。

（一）相关专业名词

1. 建筑遗产（Architectural heritage）

从纯粹的学术概念来看，建筑遗产指遗留下来的一切有价值的建筑物（Building）和构筑物（Construction）。

在1964年公布的《威尼斯宪章》中，对建筑遗产有如下的描述：历史文物建筑（Historic Monument）的概念，不仅包含个别建筑作品（Architectural Work），而且包含能够见证某种文明、某种有意义的发展或某种历史事件的城市或乡村环境，这不仅适用于伟大艺术品，也适用于由于时光流逝而获得文化意义的在过去比较不重要的作品。”

联合国教科文组织大会于1972年通过的《世界遗产公约》从三个方面对建筑遗产进行了定义。其一，纪念物（Monuments）：指从历史、艺术或科学角度看具有突出的普遍价值的建筑物（Architectural Work）、碑雕和碑画，具有考古意义的素材或遗构、铭文、洞窟及其他有特征的组合体。其二，建筑群（Groups of Building）：指从历史、艺术或科学角度看，在建筑式样、同一性或与环境景观结合方面具有突出的普遍价值的独立或连接的建筑群。其三，遗址（Site）：指

① 李允鉌. 华夏意匠：中国古典建筑设计原理分析. 天津：天津大学出版社，2014.

从历史、审美、人种学或人类学角度看具有突出普遍价值的人类工程或人与自然的共同创造物和地区（包括考古遗迹）。

2. 文物保护单位（The State Protected Monuments）

《中华人民共和国文物保护法》第三条规定：古文化遗址、古墓葬、古建筑、石窟寺、石刻、壁画、近现代重要史迹和代表性建筑等不可移动文物，根据它们的历史、艺术及科学价值，可以分别确定为全国重点文物保护单位，省级文物保护单位，市、县级文物保护单位。这实际上是将由官方原地保存的，一切不可移动或不应当移动的文物通称为“文物保护单位”[①]。

3. 历史建筑（Historic Building）

《历史文化名城名镇名村保护条例》称：历史建筑在广义上是指存留下来的所有建筑，是非常宽泛的一个概念，是指经市、县人民政府确定公布的具有一定保护价值，能够反映历史风貌和地方特色，未公布为文物保护单位，也未登记为不可移动文物的建筑物、构筑物。[②]

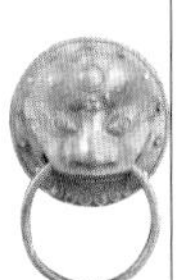

4. 文物建筑（Cultural Relics）

我国相关部门及有关学者在建筑保护中，通常将“作为文物的建筑”简称为“文物建筑”。《中华人民共和国文物保护法》中将具有历史、艺术、科学价值的古文化遗址、古墓葬、古建筑、石窟寺和石刻、壁画，以及具有重要纪念意义、教育意义或者史料价值的近现代重要史迹和代表性建筑列为文物，也就是说这些建筑都可以称为“文物建筑”。结合《中华人民共和国文物保护法》之后的相关法规及《历史文化名城名镇名村保护条例》中对“历史建筑”的定义，我们可以得出这一结论：文物建筑是具有历史、艺术、科学价值以及纪念、教育意义，且被当地政府登记或者公布为文物的历史建筑。

（二）本书对传统建筑的定义

通过前文对传统建筑相关概念的梳理，我们发现，其实这些概念在其本质上就是对应该受到保护的建筑的不同称谓。

在《辞海》中，“传统”一词指从历史上沿传下来的思想、文化、道德、风

① 本书编写组. 中国大百科全书（文物・博物馆卷）[M]. 北京：中国大百科全书出版社，1993.

② 本书编写组. 中国大百科全书（文物・博物馆卷）[M]. 北京：中国大百科全书出版社，1993.

尚、艺术、制度以及行为方式等。它通常作为文化遗产被继承下来，其中最稳定的因素被固定化，并在社会生活的各个方面表现出来。如民族传统、文化传统、道德传统等。那么，我们可以主张：曾经在时间长河中出现，且反映着一定历史文化传统的建筑，都应被称为“传统建筑”，都应该被纳入文化遗产保护的范畴。因此，本书将传统建筑的定义为：具有传统形式和传统结构，且具有一定历史文化价值与艺术价值的建筑遗产。①

1. 传统建筑的类型

按照传统建筑的功能，可将其分为以下十种类型：①居住建筑；②政权建筑及其附属设施；③礼制建筑；④宗教建筑；⑤商业和手工业建筑；⑥教育、文化、娱乐建筑；⑦园林和风景建筑；⑧市政建筑；⑨标志建筑；⑩防御建筑。②

2. 传统建筑的历史文化价值和艺术价值

传统建筑必须具有一定的历史文化价值与艺术价值，但我们又如何界定其历史文化价值和艺术价值呢？我们知道，对历史文化价值与艺术价值的认同，必然要基于一定的价值判断体系，而某一价值判断体系又是不断发展变化着的，因此就必然会出现分歧。

20世纪六七十年代以来，国际社会对应受保护的建筑的认同范围，就经历了快速扩展的过程。“在20世纪，尤其是在第二次世界大战以后，文化遗产的概念已经非常地扩大，它不再局限于古典、古代和中世纪的文物建筑，而且是包括各历史时期的构造物，以及近来的工业和技术建筑。”③ 也就是说，“对‘历史性’一词可建议的定义来源应是极为宽泛的。一个建筑不应像故宫那样才能得到保护，历史性建筑的候选资格应是多种因素综合的结果”④。因此，本书作者认为，我们在对传统建筑价值尺度的界定上，一方面应遵循国际公约及国内相关法律法规的规定，另一方面又不宜胶柱鼓瑟，将其限定得过死，以适应不断地变化着的客观实际。我国是一个多民族国家，各族人民在基于自身独特的历史文化、宗教信仰、生活生产习俗的基础上，创造了灿烂的建筑文化，因此，我们主张，

① 为避免混淆，下文中将统一使用“传统建筑”这一术语，不再使用“古建筑”（文件名、引文或地名中带有“古建筑”的除外），特此说明。

② 高伟. 穗港澳三城历史环境特性比较研究[D]. 广州：华南理工大学博士学位论文，2015.

③ J. 诸葛力多，于丽新. 关于国际文化遗产保护的一些见解[J]. 世界建筑，1986（03）：11-13.

④ 纪晓海. 城市中心区历史建筑的保护——以辽宁省外经贸委办公楼保护与改造设计为例[D]. 大连：大连理工大学博士学位论文，2005.

凡是能够反映这些建筑文化的历史建筑，都理应受到保护。

二、传统建筑之价值

（一）引述

在传统建筑的保护中，价值的评价是非常关键的一个问题，因为传统建筑的价值是其被保护的必要条件。我们需要做的，是明确对哪些传统建筑进行保护，并确定在多大的程度上保护，它们都与传统建筑价值评估息息相关。并且，对传统建筑的保护力度也与其所具备的价值密切相关。

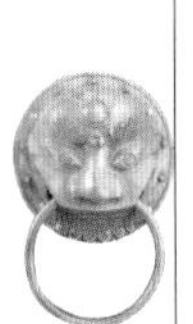

了解传统建筑的价值是明确保护力度、确定保护手段的基本前提。《会安草案》（2001年）中有这样的论述：了解遗产资源的相对价值对于我们至关重要，可帮助我们合理判断哪些要素必须在所有情况下得到保存，哪些要素需要在某些情况下得到保护，以及哪些要素可以在某些特殊情况下被牺牲掉。价值程度可基于资源的代表性、稀缺性、条件性、完备性、整体性以及诠释潜质等加以评估。[①] 但是“价值”一向是一个在多视角、多维度中呈现的概念，人们基于不同世界观、人生观、价值观，同时又叠加上不同的背景条件和不同的利益驱动，从而导致人们对同一传统建筑的价值产生不同的评判。[②]

传统建筑的价值由哪些方面构成？对于这个问题，学界经历了较长时间的争论和探讨，并取得了丰硕的成果。

（二）传统建筑价值的相关探索

早在20世纪初期，奥地利艺术理论家李格尔（Alois Riegl，1858—1905）就提出了价值类型学。李格尔在1903年发表的《文物的现代崇拜：其特点与起源》一文中，详细论述了文物价值的不同类型。李格尔把文物（Monuments）价值归纳为两大类：一类为纪念性的价值，即年代价值（Age Value）、历史价

① 滕磊. 关于文物古迹价值评估的几点认识[J]. 中国文物科学研究，2013（02）：5-11.

② 衣博. 历史建筑价值评价中专家调查法的信度效度检验研究[D]. 哈尔滨：东北林业大学硕士学位论文，2015.

值（History Value）和有意为之的纪念价值[①]；另一类为当代价值（Present-day Value），指使用价值、艺术价值和时代赋予它的新价值。他认为，历史价值在这些价值中具有优先性，历史价值存在于人类活动中；其次是艺术价值，他认为艺术价值较为主观，而历史价值则是客观的。另外，文物本身的物质性使其往往能满足当代人的某些现实需求，从而衍生出使用价值。因此文物保护中的矛盾，主要集中在使用价值和年代价值之间。前者注重文物的当代使用，而后者则要求保留现状以求年代价值最大化。李格尔通过这几个价值概念，指出了文物价值是多重的，它们并不统一，甚至互相冲突。李格尔的观点虽有其局限性，但对其后的西方社会关于建筑遗产的价值认识产生了非常大的影响。

国际古迹及遗址理事会前主席、英国学者贝纳德·费尔登（Bernard M. Feilden，1919—2008）在其著作《历史建筑保护》（1994）中强调历史建筑的价值评估与保护密不可分，他认为价值决定了历史建筑应该获得何种维护和保护。[②]费尔登将历史建筑的价值分为文化价值、情感价值、当代社会价值和经济价值等。他指出：在遗产保护工作中，当我们确定保护目标后，应立即对其进行价值认定，并根据其价值序列决定干预的力度，以保存遗产的关键信息。

俄罗斯学者普鲁金（O. H. Prutsin，1926—）从保护和修复的角度出发，论述了传统建筑的价值及相应的评价体系。他认为传统建筑有“内在的价值”和“外在的价值”。内在的价值属于建筑自身的纪念意义（如历史的、结构的特点，建筑美学的成就等），外在价值指建筑所处的历史环境、城市规划的环境以及在其周围环境中所受的支持（如自然植被或景观建筑的价值等）[③]。普鲁金的价值判断以城市中的生活环境作为背景，强调传统建筑的历史与艺术价值，注重城市的规划价值。另外，他也认为传统建筑的价值会因人们对其需求的改变而发生改变，这也是基于“利用”这一评价机制做出的判断。

澳大利亚国家委员会通过的《巴拉宪章》（1999）指出，“文化重要性”是指某一文化遗产对过去、现在及未来的人们在美学、历史、科学、社会和精神等方面所具有的价位，并对“美学价值”“历史价值”“科学价值”“社会价值”

① 汤丁峰. 优秀近现代建筑认定标准研究[D]. 广州：华南理工大学硕士学位论文，2012.

② 转引自：高瑞雪. 韩城历史城区历史建筑价值评估及分级保护策略研究[D]. 西安：西安建筑科技大学硕士学位论文，2021.

③ 转引自：高瑞雪. 韩城历史城区历史建筑价值评估及分级保护策略研究[D]. 西安：西安建筑科技大学硕士学位论文，2021.

等相关概念进行了厘定。其中，美学价值强调的是人的感官知觉层面，包括文化遗产对人的视觉、嗅觉和听觉等方面造成的感染力。历史价值则涵盖了文化遗产所涉学科的相关史学研究，并包含了其内在的历史关联性与完整性；科学价值强调的是文化遗产的研究价值以及其内在品质、稀有程度与代表性；社会价值则聚焦于文化遗产在当代文化层面的价值，强调多元性的文化内涵。

2000年，麦考瑞大学（Macquarie University）的经济学教授戴维·思罗斯比（David Throsby）在其著作《经济学与文化》中，将遗产的价值分为经济价值和文化价值，并提出了一个运用经济学概念思考文化价值的框架。思罗斯比把经济价值形象地比喻为“一个人愿意为一个物品支付多少钱”，而把文化价值定义为某一文化遗产“被某个团体所共有或共享的态度、信仰、道德、风俗、价值以及实践”等方面所具有的价值尺度。思罗斯比将遗产的价值分为美学的、精神的（宗教的）、社会的、历史的、象征的及原真的等几个方面，并将其统称为文化价值。思罗斯比十分重视文化遗产的文化价值，并将其摆到经济价值之前，强调人类文化对人类社会的推动作用。

（三）传统建筑价值的分类

从目前的发展来看，学界越来越倾向于将传统建筑的价值分为经济价值和文化价值两大类，其中文化价值是核心和基础（见图1-11）。[①] 对传统建筑的经济价值，目前学界不同的学者持有不同的态度。有的倾向于抑制经济价值，认为文化遗产最本质的属性是文化资源和知识资源，其价值主要体现在社会教育、历史借鉴和供人研究、鉴赏，经济价值则是其历史、艺术、科学价值的衍生物[②]。也有人倾向于适当发挥经济价值，认为经济价值是文物的价值类型中最特殊的一项。尽管文物从概念上讲是“无价之宝”，但是在文物工作投入的经费和人力，甚至于文物建筑、考古遗址等本身所占据的土地面积，在管理中都能够以金钱来衡量。[③]

---

① 樊欣欣. 基于可持续发展的文化遗产保护与再利用研究——以叶枝镇土司衙署恢复土建工程为例[D]. 昆明：昆明理工大学硕士学位论文，2015.

② 陆建松. 建筑遗产岂能“贴现”[N]. 解放日报，2003-6-30（6）.

③ 张艳华. 在文化价值和经济价值之间：上海城市建筑遗产（CBH）保护与再利用[M]. 北京：中国电力出版社，2007.

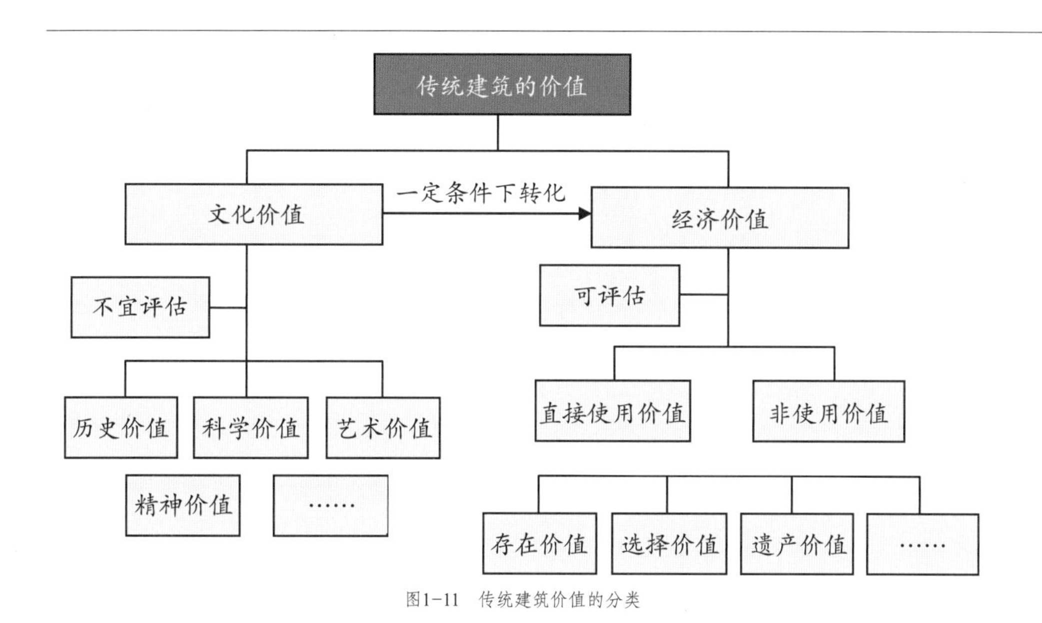

图1-11 传统建筑价值的分类

总体来说，对传统建筑的价值进行评估是一项非常复杂的工作，其间或多或少都会掺入一些主观性的因素，如不同国籍、性别、民族、阶层及宗教信仰的人，往往对传统建筑有不同的评估方式。而且，由于传统建筑往往具有多重价值，各种价值的保护要求也不尽相同，有时甚至会相互矛盾，如历史价值和经济价值之间，就很容易产生矛盾。不同性质的传统建筑，其各种价值所占的比例也不尽相同，如有关生产的传统建筑，其科技价值一般会突出一些。任何一项传统建筑，人们对其价值的认识，绝不可能是一次性完成的，而是随着社会的发展和认识水平的提高而不断地深化。

（三）国内在传统建筑的价值评估中常用的五大指标

根据《中国文物古迹保护准则》，文物定级的主要依据是历史、艺术、科学、文化和社会价值这五大指标。在实践操作中，人们也多用这五大指标评估传统建筑的价值（见表1-1）。

表1-1 传统建筑价值评估的五大指标

类 型	具体内容
历史价值	①由于某种重要的历史原因而建造，并真实地反映了这种历史实际； ②在其中发生过重要事件或有重要人物曾经在其中活动，并能真实地显示出这些事件和人物活动的历史环境； ③体现了某一历史时期的物质生产、生活方式、思想观念、风俗习惯和社会风尚； ④可以证实、订正、补充文献记载的史实； ⑤在现有的历史遗存中，其年代和类型独特珍稀，或在同一类型中具有代表性； ⑥能够展现文物古迹自身的发展变化[①]
艺术价值	①建筑艺术，包括空间构成、造型、装饰和形式美； ②景观艺术，包括风景名胜中的人文景观、城市景观、园林景观，以及特殊风貌的遗址景观等； ③附属于文物古迹的造型艺术品，包括雕刻、壁画、塑像，以及固定的装饰和陈设品等； ④年代、类型、题材、形式、工艺等方面具有独特价值的不可移动的造型艺术品； ⑤上述各种艺术的创意构思和表现手法
科学价值	①规划和设计，包括选址布局、生态保护、灾害防御，以及造型、结构设计等； ②结构、材料和工艺，以及它们所代表的当时科学技术水平，或科学技术发展过程中的重要环节； ③本身是某种科学实验及生产、交通等设施或场所； ④在其中记录和保存着重要的科学技术资料[②]
文化价值	①文物古迹因其体现民族文化、地区文化、宗教文化的多样性特征所具有的价值； ②文物古迹的自然、景观、环境等要素因被赋予了文化内涵所具有的价值； ③与文物古迹相关的非物质文化遗产所具有的价值
社会价值	①社会价值包含了记忆、情感、教育等内容； ②社会价值是指文物古迹在知识的记录和传播、文化精神的传承、社会凝聚力的产生等方面所具有的社会效益和价值[③]

① 陈都. 广州恩宁路历史街区中异质建筑价值评价体系构建及再利用策略研究[D]. 广州：华南理工大学博士学位论文，2017.

② 陈都. 广州恩宁路历史街区中异质建筑价值评价体系构建及再利用策略研究[D]. 广州：华南理工大学博士学位论文，2017.

③ 段恩泽. 山西上党地区三嵕神文化及祭祀建筑特征研究[D]. 太原：太原理工大学博士学位论文，2016.

三、传统建筑面临的威胁

早在20世纪中叶，国际社会已经意识到传统建筑面临的各方面的威胁。《世界遗产公约》（1972）提道：文化遗产和自然遗产越来越受到破坏的威胁，一方面因年久腐变所致，同时变化中的社会和经济条件使情况恶化，造成更加难以对付的损害或破坏现象。总体而言，对传统建筑的破坏主要来自两个方面，即自然的破坏和人为的破坏。

（一）自然的破坏

来自自然的破坏，大致可分为两种：一是自然灾害，二是自然侵蚀。前者一般是突然的、瞬时的，后者是缓慢的、持久的。各种自然灾害，如地震、洪水、泥石流、滑坡、暴雨雪等，给传统建筑带来的破坏往往是无法预料的，其后果一般也较为严重。[①] 例如，2008年5月12日的汶川大地震，对全国重点文物保护单位——都江堰二王庙造成了严重破坏。

自然侵蚀是指降雨、气候变化、阳光照射、生物繁殖等自然现象对传统建筑造成的侵蚀，这种破坏力往往是缓慢、持久的，也是可预见的。不同的材质建成的建筑，对不同自然现象侵蚀的抵抗力也不尽相同。如木材在潮湿的空气中就特别容易腐烂。另外，环境污染对建筑也有较大的影响，如印度知名古迹泰姬陵，由于空气污染，其白色大理石由白变黄，严重破坏了美感[②]。

（二）人为的破坏

对传统建筑的人为破坏，其类型很多，情况也较为复杂，其中有些破坏是无意间造成的，有些破坏是明知而为的。人为破坏大致表现在以下几个方面。

其一是建设性破坏。以我国为例，由于正处于快速城市化的进程中，我国传统建筑的建设性破坏问题非常突出。

其二是战争破坏。世界上的每一次战乱，都会导致大量的建筑（包括传统建筑）永久消失。如2001年2月27日，阿富汗塔利班最高首领乌马尔以反对偶像崇拜为由，下令准备摧毁阿富汗境内的所有佛像，其中包括位于巴米扬山谷的两座

① 樊欣欣.基于可持续发展的文化遗产保护与再利用研究——以叶枝镇土司衙署恢复土建工程为例[D].昆明：昆明理工大学博士学位论文，2015.
② 陈璐.世界文化遗产最需要警惕的几种破坏[N].中国文化报，2010-3-23.

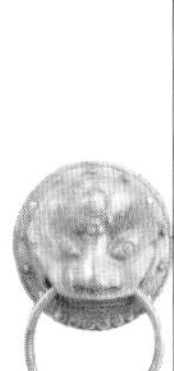

巨型佛像。巴米扬大佛建造于公元3世纪，是世界上最高的古代佛像。[①]塔利班的这一决定立即震惊全世界，许多国家领导人和国际组织纷纷呼吁塔利班停止这一行动。但是，当年3月2日，还是有两尊具有1500年以上历史的巨型石雕佛像（名为“沙玛玛”和“塞尔萨尔”）在隆隆炮声中被彻底摧毁，化为一堆碎石砂砾。2003年7月，在巴黎召开的第二十七届世界遗产大会上，与会专家和学者做出了一个异乎寻常的决定：尽管阿富汗没有申报将巴米扬山谷列入当年的世界遗产名录，但大会还是将其纳入了保护范围。与此同时，巴米扬山谷直接进入世界遗产濒危名单。[②]

其三是火灾。部分传统建筑为木构，所以非常容易毁于火灾。1932年，梁思成在《蓟县独乐寺观音阁山门考》一文中写道：“木架建筑法，劲敌有二，水火是也。水使木朽，其破坏率缓；火则无情，一炬即成焦土。”[③]引发火灾的原因很多，有用火不慎、故意纵火、电线短路等。

第四节　小　结

综上所述，文化遗产是与历史传承相对应的文化分类，文化遗产可分为三类：物质文化遗产、非物质文化遗产、复合文化遗产。纵观国内外对文化遗产的保护，都反映了人类社会经过长期的发展和演变，对文物保护的认识逐渐深化，呈现出不断发展的趋势。保护行为也从单纯的欣赏发展到集保护、研究与教育为一体的综合性目标，保护的重点由典籍、手工艺艺术品扩展到保护各种文化遗址和历史建筑，再扩展到保护历史街区、历史城镇，以及各种具有历史文化价值的历史地段；保护建筑的范围也逐渐以纪念性建筑物为主，并由此扩展至历史街区内与人们生活密切相关的本土传统民居。[④]

① 杨雪. 莫让文明仓皇地消逝[N]. 光明日报，2011-03-29.
② 杨雪. 莫让文明仓皇地消逝[N]. 光明日报，2011-03-29.
③ 梁思成. 梁思成文集[M]. 北京：中国建筑工业出版社，1982.
④ 陈媛媛. 西安非物质文化遗产及建筑环境适应性保护研究[D]. 西安：西安建筑科技大学博士学位论文，2013.

同时，《世界遗产公约》也显示出强大的生命力和极强的推动作用，逐步开启了一次上至国际组织，下至普通民众共同参与、影响深远的世界遗产保护运动，至此，全球性文化遗产保护运动揭开了新的篇章。

课后思考

1. 简述文化遗产的内涵及其选定标准。
2. 如何深刻理解文化遗产保护的内涵？
3. 通过思考，试讨论新时代背景下的文化遗产保护应增添哪些新的标准？
4. 试讨论现阶段我国历史文化遗产保护取得的新进展和新成果。
5. 试讲述一例令你印象深刻的文化遗产。
6. 简述传统建筑的概念。
7. 中国传统建筑一般可分为哪些类型？

第二章 历史文化名城保护与鉴赏

第一节　历史文化名城概述

一、历史文化名城保护的提出

我国历史文化名城保护的思想源于20世纪50年代梁思成先生的论述，他说：北京作为故都及历史名城，许多旧日的建筑已成为今日有纪念意义的文物，它们不但形体美丽，不允许伤毁，而且它们位置部署上的秩序和整个文物环境都是这座名城壮美特点之一，这必须在保护之列。他还说，北京古城的价值不仅在于个别建筑类型和个别艺术杰作，最重要的还在于各个建筑物的全部配合，它们与北京的全盘计划、整个布局的关系，在于这些建筑的位置和街道系统的相辅相成，在于全部部署的庄严秩序，在于形成了宏伟而美丽的整体环境①。可惜他的建议在当时没有被采纳。

进入20世纪80年代，人们认识到梁先生这一建议的重要价值，并将其用于国内很多古城的保护。至此，保护历史文化名城成为共识。1982年我国公布了24个首批历史文化名城，国务院还规定了具体的审定标准。第一，历史文化名城不仅要看其城市的历史，还要看其是否拥有丰富的、有价值的历史遗产。第二，历史文化名城和文物保护单位是有区别的，历史文化名城的现状和风貌应保留历史特色，并且有成片的历史街区。第三，文物古迹和历史街区主要分布在城市市区和郊区，保护它们对城市的建设方针、发展方向有重要影响。②

二、历史文化名城的含义

截至2023年3月，经国务院批复认定的国家历史文化名城共有142座。此外，2015年，住房和城乡建设部、国家文物局公布了第一批中国历史文化街区名单，包括北京市皇城历史文化街区在内的30个街区入选。

《中华人民共和国文物保护法》第14条明确规定："保存文物特别丰富并且

① 梁思成.梁思成全集（第五卷）[M].北京：中国建筑工业出版社，2001.
② 刘晔.历史文化名城保护与城市更新研究[D].天津：天津大学博士学位论文，2006.

具有重大历史价值或者革命纪念意义的城市，由国务院核定公布为历史文化名城。”可见，历史文化名城必须具备下列要素：保存文物特别丰富；具有重大历史价值或革命纪念意义；是一座正在延续使用的城市；经过中华人民共和国国务院核准并公布。

中国科学院院士、中国工程院院士、中国城市科学研究会理事长、国家历史文化名城委员会主任周干峙先生2002年4月18日在人民日报社举行的“纪念国务院公布历史文化名城20周年座谈会”上，对历史文化名城的含义做出了如下阐释：“这个历史文化名城的提法在世界上中国是独创的。我们都知道，历史，文化，古城、古都或者叫历史城市，都是这么提的，历史文化名城把这三个概念连在一起，首先是说它有相当长的历史，丰富的文化内涵，古城显然是说它的品质是很高的。它有很高的品质，很丰富的文化内涵，还有相当久远的历史。”①

第二节　历史文化名城保护

一、历史文化名城保护的原则

（一）“立法为先”是实施保护的基础

当前《中华人民共和国文物保护法》《中华人民共和国城市规划法》以及《历史文化名城名镇名村保护条例》是我国历史文化名城保护的重要法律和政策依据。三者各有侧重点，《中华人民共和国文物保护法》侧重于文物古迹的保护，而较少涉及文化遗产的环境保护；《中华人民共和国城市规划法》规定，在编制城市规划时，需注重保护历史文化遗产、城市传统风貌、地方特色及自然景观，而对于如何保护历史文化环境却没有做出法律说明，尤其没有明确各种破坏名城行为的法律责任；《历史文化名城名镇名村保护条例》作为保护历史文化名

① 康玉庆，何乔锁. 中国旅游文化[M]. 北京：中国科学技术出版社，2005.

城的独立规章，明确了保护和管理历史文化名城名镇的措施及要求，但其价值评估体系应该进一步细化，针对名城、名镇、名村出台不同的评估细则。

（二）“科学规划”是实施保护的前提

城市规划是为了促进城市经济和社会的发展所确定的城市建设规模和发展方向的计划。“历史文化名城保护规划”就是以保护城市地区文物古迹、风景名胜及其民族文化资源环境为重点的专项规划，是城市总体规划的重要组成部分。“历史文化名城保护规划”同时又是带有全局性和专业性较强的规划，不能仅仅只针对城市中的文物古迹或风景名胜区，而是要对城市中历史文化遗存做出全面的安排，制定保护框架，划定保护范围，确定建筑控制高度，并提出具体的保护措施。①

（三）“发展利用”是实施保护的出路

做好历史文化名城的保护，有利于促进它的发展，为人民和社会创造更多的效益。因此在保护的同时一定要做好科学的发展规划，如此才是历史文化名城保护的正确途径。

二、国外历史文化名城保护机制与启示

国外一些对历史文化名城保护做得较好的国家，已经建立了相对完善的以立法为核心的制度。因此，在借鉴国外历史文化遗产保护的先进经验的基础上，建议相关部门应从以下几方面着手完善我国的历史文化名城保护机制。

（一）立法保护

所谓“立法保护”，即（1）构建文化遗产保护的法律体系：尽快出台《遗产法》《民族民间文化保护法》等全国性法律，建立起全方位保护中国文化遗产的法律体系。（2）依法行政：切实加大执法力度，完善执法程序和执法监督，尽可能减少执法的随意性和人为因素干扰。（3）规划先行：所有文物保护单位都应根据相关的法律法规制订保护规划，没有批准规划以前，不得实施日常保养

① 刘晔.历史文化名城保护与城市更新研究[D].天津：天津大学博士学位论文，2006.

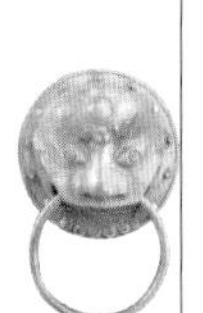

和抢救性工程以外的保护工程。[①]

（二）全民保护

"全民保护"就是要构建历史文化遗产保护的公众体系：最广大的人民群众，才是历史文化遗产保护的坚实主体，因此应不断增强群众的保护意识和参与意识。建议国家相关部门通过以下途径培养公众保护历史文化遗产的参与意识：（1）充分利用好已设立的"文化遗产日"（每年6月的第2个星期日），于当日举行相关纪念活动并形成长效机制；（2）广泛宣传"国际博物馆日"（每年的5月18日）和"国际古迹遗址日"（每年的4月18日）；（3）将优秀文化遗产内容和文化遗产保护知识纳入从初等教育到高等教育的教学计划，编入教材；（4）建立志愿者机制，鼓励捐赠等善举；（5）所有具备开放条件的文物保护单位、博物馆、纪念馆免费对国民开放；（6）新闻媒体应做好对历史文化遗产保护的宣传和监督工作。[②]

（三）原真保护

所谓"原真保护"，就是要构建文化遗产保护的标准体系。将真实性和完整性作为历史文化遗产保护的两个核心，事实上真实性和完整性也是文化遗产保护的根本所在。保护历史文化遗产，不仅要保护历史文化遗存的原物，而且要保护它所依存的历史信息，坚持"修旧如旧"，保持"原汁原味"，使其"延年益寿"，而不是"返老还童"。在此，建议通过以下途径实现对历史文化遗产的真实性保护：（1）以《中国文物古迹保护准则》为行业规则，对文物古迹实行有效保护；（2）通过点、线、面相结合的原则，确保文物古迹背景环境的历史性和原真性；（3）建立文化遗产管理体系的环境评价机制和社会评价机制，强制所有保护单位内的重大建设项目必须进行环境（包括视觉景观环境）影响评价和社会影响评价。[③]

① 梅联华. 对城市化进程中文化遗产保护的思考[J]. 山东社会科学，2011（01）：56-60.
② 梅联华. 对城市化进程中文化遗产保护的思考[J]. 山东社会科学，2011（01）：56-60.
③ 梅联华. 对城市化进程中文化遗产保护的思考[J]. 山东社会科学，2011（01）：56-60.

（四）整体保护

“整体保护”就是要开展重大文化遗产地综合保护示范工程，来实现对文化遗产资源的整体保护。整体保护的具体措施如下：（1）建设遗产廊道。建立遗产廊道有利于对遗产采取综合性保护措施，对遗产本身及其所依托的自然、经济、历史文化实行全面的保护。（2）努力实现四个转变：一是在发展方向上，从以城市建设为主导，转变为以历史名城保护为主导；二是在规划思路上，应从以往在城市建设的规划中开展名城保护，转变为在历史名城保护规划中开展城市建设；三是在保护方式上，从“单项”保护转变为“全面”保护，从对名城某些历史建筑的微观保护过渡到对历史名城总体的宏观保护；四是在规划实施上，突出城市的传统文化功能及特色，实现旧城内现代城市功能的战略转移。①

（五）科技保护

所谓“科技保护”，就是指要构建文化遗产保护的创新体系，将科学技术应用于文化遗产的保护之中。与世界文化遗产保护发达国家相比，我国文化遗产保护的科学技术水平还存在着较大的差距。科技保护是构建文化遗产保护创新体系的突破口，也是城市化阶段文化遗产事业实现可持续发展的必由之路。文化遗产的科技保护，应以文化遗产保护的重大需求为导向，以重点解决文化遗产保护中的热点、难点和瓶颈问题为核心，以重大文物保护科技计划为载体，以充分调动全社会一切可以利用的优秀科技资源为手段，加强文物保护科技的研究、运用、示范和推广工作，促进我国文化遗产保护科技水平的整体提高。科技保护方法主要有以下一些：（1）建立科学规范的文化遗产调查评估登记体系，进行遗产资源科学调查，全面、系统掌握遗产资源的总体状况，为我国的文化遗产保护事业奠定科学有据的工作基础；（2）实施监测及安全预警相关技术行动，提升文化遗产保护的安全防范能力，综合应用各种高新技术手段，实施对历史建筑、古遗址、历史地区及其背景环境的保护、监督与管理；（3）建立历史文化遗产管理信息网络，丰富和完善现有“文化遗产保护领域科技平台”和“文化遗产保护科技成果推广网”的功能，实现信息资源的共建和共享。②

① 梅联华. 对城市化进程中文化遗产保护的思考[J]. 山东社会科学，2011（01）：56-60.

② 梅联华. 对城市化进程中文化遗产保护的思考[J]. 山东社会科学，2011（01）：56-60.

（六）动态保护

所谓“动态保护”，即构建文化遗产保护的动态体系。《华盛顿宪章》指出，“历史城镇和城区的保护首先涉及它们周围的居民”，保护历史城镇与城区意味着“这种城镇和城市的保护、保存和修复及其发展并和谐地适应现代生活所需的各种步骤”。这一说法奠定了文化遗产“动态保护”观念的基础。本书认为，要实现对文化遗产的动态保护，首先应构建文化遗产保护的监测体系，良好的保护必须建立在严格的管理之上。只有建立完备的监测体系，才能更好地发现保护过程中出现的各种问题，以更好地应对当今日益复杂的城市进程。

三、历史文化名城的保护内容

对历史文化名城的保护可分为两个层次：一是保护城市历史环境以及对其相关积极因素的更新和利用；二是制定历史文化名城保护的相关法规、政策以及开展与其相关的宣传、教育和文化活动。城市历史环境可分为自然环境、人工环境和人文环境三大部分。它不仅包括可见的物质形态，同时还包含与这些物质形态有关的自然和人文背景，以及与其历史环境在时空上有直接联系的社会、经济、文化等背景。[①] 历史文化名城的保护内容，具体可分为以下几种。

1. 文物古迹及历史街区

文物古迹及历史街区包括有历史价值的传统建筑（如园林、宫阙、墓葬等）群落、历史遗址（遗迹）等及其周围的时空环境，以及能够反映某个历史时期风貌特色和传统特色的区域，如云南大理喜洲古镇（图2-1）。

2. 城市所植根的自然环境

自然地理环境是城市文化景观重要组成部分和物质基础。城市不同特色的文化景观均源于不同的自然特征以及人类根据其自然特征所进行的改造。

3. 城市空间组织

城市空间组织包括平面形式、路网结构、轮廓线、空间轴线关系、空间序列关系、空间尺度、天际线等。

4. 城市生活方式、风土人情

城市生活方式、风土人情包括根植于某一具体城市环境的民俗活动、传统工

① 刘晔. 历史文化名城保护中的城市更新研究[J]. 山西建筑，2006（10）：5-6.

图2-1　云南大理喜洲古镇（作者自摄）

艺、价值观念、风俗习惯等。

四、中国历史文化名城保护制度的形成与发展

（一）相关文件的颁布

我国的《历史文化名城名镇名村保护条例》于2008年7月起正式开始施行。这就标志着相关保护工作正式进入有法可依、有章可循的历史时期。它不仅加强了大众对历史文化名城、名镇、名村的保护意识，确立了历史文化名城、名镇、名村的价值评估体系，还为历史文化名城、名镇、名村的规划与开发工作提供了指导思想，具有深远的意义。

首先，《历史文化名城名镇名村保护条例》的颁布，标志着我国对历史文化遗迹的保护已进入制度化阶段。继2008年《历史文化名城名镇名村保护条例》颁布后，2012年，住房和城乡建设部与国家文物局又印发了《历史文化名城名镇名村保护规划编制要求（试行）》，随后2014年通过了《历史文化名城名镇名村街区保护规划编制审批办法》，2018年通过了《历史文化名城保护规划标准》。由此可见，自《历史文化名城名镇名村保护条例》颁布后，历史文化名城（名镇、名村）保护工作的制度化已经成为一个明显的趋势。《历史文化名城名镇名村保护条例》的颁布和实施，从总体上极大地促进了全国各地对历史文化名城（名镇、名村）的保护工作。各地方在落实《城乡规划法》时，充分结合《历史文化名城名镇名村保护条例》的要求，制定出各项实施细则、保护管理规定和办法，编制保护规划，成立保护管理机构，开展对历史文化名城（名镇、名村）及历史街区的各项保护与整治工作，把历史文化名城（名镇、名村）保护工作推上了一个新的台阶。①

（二）"历史文化名城申报标准及申报文本内容研究"课题的开展概述

自2008年我国《历史文化名城名镇名村保护条例》颁布施行后，城乡规划司为了使国家历史文化名城的申报工作有章可依、评审工作更加公开透明，委托中国城市规划设计研究院历史文化名城研究所开展了"历史文化名城申报标准及申报文本内容研究"的课题。该课题提出的具体标准和要求，为我国历史文化名城保护、管理的信息化和建立备案制度奠定了基础，使我国的历史文化名城保护工作在提高管理有效性的方向迈进了一大步。②

（三）历史文化名城的申报

2015年，在中央城市工作会议上，习近平总书记明确提出：历史文化遗产是祖先留给我们的，我们一定要完整交给后人，城市是一个民族文化和情感记忆的载体，历史文化是城市魅力之关键。在这样的时代背景之下，各地方对国家级历史文化名城的申报工作表现出了极大的热情，由地方政府向国务院行政主管部门提出的申报数量也是空前的。

五、历史文化名城保护实践

（一）各地历史文化名城保护规划的编写

近年来，受各地城市总体规划修编要求及国家历史文化名城申报等力量的推

① 刘亭君．浅析《历史文化名城名镇名村保护条例》的意义及启示[J]．群文天地，2011（16）：227.

② 张兵，康新宇．中国历史文化名城保护规划动态综述[J]．中国名城，2011（01）：27-33.

动，新一轮历史文化名城保护规划修编和编制工作目前已在全国范围内展开。各地在新一轮历史文化名城保护规划修编和编制工作中，依照《城乡规划法》《文物保护法》《历史文化名城名镇名村保护条例》扩大了保护范围和保护对象（城乡统筹、工业遗产、20世纪遗产、历史建筑等），因此，如何协调文物保护规划（尤其是大遗址、古城墙、文化线路等）和解决开发压力等问题，目前学界在理论方法和实施操作层面展开了具有一定深度的探讨。[①]

1. 案例一：《太原历史文化名城保护规划》

针对太原历史文化遗存碎片化的现状，2008年，太原市相关部门委托中国城市规划设计研究院编制了《太原历史文化名城保护规划》。该文件挖掘出文物古迹与同时期城市社会、政治、经济的关联，来弥补在古城历史文化价值评估中常规证据不足的问题。同时，规划组还将20世纪太原市的文化遗产纳入保护范围，将民国时期的文物古迹、历史建筑以及新中国重工业建设过程中所形成的历史文化街区作为体现城市历史文化价值和特色的内容。规划组对太原市域内分布的大量文物古迹和遗存的相互关系进行了研究，运用文化线路保护与研究的思路，梳理了市域北部保存较好的古村镇与明清时期商路、驿道、明长城九边重镇防御体系之间的联系，勾画出了太原在军事、商业、驿道等方面的区域地位和历史价值。针对太原府城内遗存空间较为分散的特点，规划组以专题报告的形式对历史城区内传统建筑相对集中并具有较高历史文化内涵的地段，在发展演变、功能定位、历史建筑保护、风貌延续等方面做了深入研究，为历史城区风貌控制提供了理论依据，也为这些地段详细规划的编制奠定了坚实基础。[②]

2. 案例二：《蓟县历史文化名城保护规划》

针对历史文化名城外围的遗产体系在城市扩张过程中面临的碎片化问题，《蓟县历史文化名城保护规划》提出了系统性的保护方法，通过梳理和织补文化网络、串联遗产片段、保护文化环境、增进公众认知等有效方式，以达到保护名城历史文化遗产完整性的目的。在蓟县的历史文化名城保护规划研究中，相关部门从区域层面梳理了蓟县古城及周边地区遗产体系的历史文化脉络，提出系统性保护古城及周边地区文化网络的保护方法，制定保护遗产区域与遗产廊道等文化

① 张兵，康新宇. 中国历史文化名城保护规划动态综述[J]. 中国名城，2011（01）：27-33.

② 张兵，康新宇. 中国历史文化名城保护规划动态综述[J]. 中国名城，2011（01）：27-33.

景观的保护措施，进一步完善蓟县的历史文化名城保护体系。[1]

（二）历史性城市景观的保护

在由中国城市规划学会负责，中国城市规划设计研究院、同济大学等单位参与的“澳门总体城市设计”课题中，参与者对历史性城市景观保护的规划问题进行了一定的探索。历史性城市景观的保护问题，是近年来国际保护组织和机构，尤其是世界遗产城市组织（OWHC）关注的热点问题之一。我国的历史文化名城在持续性开发和旧城改造的影响下，历史性城市景观的保护迫在眉睫。[2]

上海、天津、武汉等城市在城市规划建设中，往往在主要河道的滨水地区开展大规模的城市建设，而这些城市的滨水地区都存在着不少历史建筑，包括工业遗址和近现代其他建筑，因此，如何在城市的更新改造过程中适当地对其进行再利用，并将其作为滨水地区的文化标志和地区景观多样性的重要元素，就需要各方积极开展新的探索。虽然目前类似的开发已涌现出部分较佳的案例，但全面和综合的规划策略还需要在未来的开发建设中进一步寻找和探索。[3]

第三节　中国历史文化名城鉴赏

（一）西安

1. 简介

西安，古称镐京、长安，是中国四大古都之一，曾先后有西周、秦、西汉、新莽、东汉、西晋、前赵、前秦、后秦、西魏、北周、隋、唐13个王朝（政权）

① 张兵，康新宇. 中国历史文化名城保护规划动态综述[J]. 中国名城，2011（01）：27-33.
② 张兵，康新宇. 中国历史文化名城保护规划动态综述[J]. 中国名城，2011（01）：27-33.
③ 张兵，康新宇. 中国历史文化名城保护规划动态综述[J]. 中国名城，2011（01）：27-33.

在此建都，历时千余年。现为陕西省省会、副省级市、国家区域中心城市（西北）。在汉唐盛世，西安就与雅典、罗马、开罗并称为“世界四大文明古都”。1982年，西安被列入第一批国家历史文化名城。

2. 城内建筑

（1）西安鼓楼

西安鼓楼（图2–2）位于西安市中心，北院门街的南端，东与钟楼相望，明洪武十三年（1380）始建。西安鼓楼为一座歇山顶、重檐三滴水的高台建筑，通高34米，楼上原有报时巨鼓一面。楼基座以石条和青砖砌成，平面呈长方形，东西长52.6米、南北宽38米、高7.7米，南、北面正中辟有高、宽均6米的券洞门通道，东、西侧各有青砖踏步可登。

图2–2 西安鼓楼（作者自摄）

鼓楼建于基座的中心，面阔七间、进深三间，周设回廊，第一层楼身上置腰廊和平座，第二层楼重檐歇山顶，外檐和平座均饰有青绿彩绘斗拱。

（2）钟楼

西安钟楼（图2–3）位于西安市中心，城内东、南、西、北大街的交汇处。

图2-3　西安钟楼（作者自摄）

钟楼原在今西大街广济街口，建于明洪武十七年（1384），明万历十年（1582）迁于今址。

西安钟楼为一座四角攒尖顶、重檐三滴水的高台建筑，通高36米。楼基座以青砖砌筑，平面呈正方形，边长35.5米、高8.6米。座四面正中各有高、宽均6米的券洞门与四条大街相互贯通，北边券洞门左、右各有一砖砌踏步可登。钟楼建于基座正中，面宽、纵深各三间（16.57米），连明廊共五间（21.39米），每层有圆柱回廊和迭起的下檐，均施斗拱，绿琉璃瓦屋面。一层大厅四面有木格扇门，周为平台，顶有方格彩画藻井，厅内东南角有扶梯盘旋而上。二层大厅有木格扇门，周边回廊围以木栏杆，在古代，登楼眺望，全城风光可尽收眼底。

3. 古城保护规划

自中华人民共和国成立以来，西安市政府在城市规划中把文物古迹和历史文化名城的保护放在十分重要的位置，取得了很多成功的经验。

（1）西安历史文化名城保护历程回顾

①1953—1972年，西安历史文化名城保护的最大功绩在于保护了周、秦、汉、唐四大古都遗址，但在大规模基建工程中对考古发现的一些重要遗址没有采

取保护措施，比如汉长安城南的大型礼制建筑遗址就未能得到妥善保护，造成了不可挽回的历史遗憾[①]。

②1980—1995年，西安市确定了自身的城市性质，把历史文化名城放在了首位，实行保护与建设相结合的方针，要求将保存、保护、复原、改建和新建开发密切结合，把城市的各项建设与古城的传统特色和自然特色密切结合，建设成为一座既有现代化城市功能，又保存了古都风貌的历史文化名城。这一时期最主要的成就是确立了“保护明城完整格局，显示唐城宏大规模，保护周、秦、汉、唐重大遗址”这一基本原则。但在实际工作中，由于对历史文化街区和民居的价值认识不足，加之具体保护和实际操作的困难，导致大片历史街区和传统民居被拆除。[②]

③1995—2010年，西安的城市总体规划中附有专门的《西安市历史文化名城保护规划》，但这一阶段是经济迅速发展的时期，文物保护与经济建设、古都风貌保护和现代化建设的矛盾愈加突出。[③]

④2018年，西安市启动编制《西安历史文化名城规划（2018—2035）》，该规划对西安历史文化遗产进行了全面剖析，深入挖掘西安历史文化风貌，切实以规划为纲，开展历史文化名城的保护工作。

（2）古城保护规划的指导思想

①坚持西安历史文化名城性质，维护世界著名古都地位；

②贯彻保护为主、抢救第一、合理利用、加强管理的文物工作方针；

③继承前三次城市总体规划在保护历史文化名城方面成功的经验；

④树立区域理念，整合历史资源，继承传统格局，划定保护重点；

⑤遵循“可持续发展”的原则，突出古城精华，挖掘文化内涵，塑造城市特色，提升城市品质，重现古都辉煌。[④]

① 西安市文物局，西安建筑科技大学建筑学院，西安城市规划设计研究院. 西安历史文化名城保护规划[S]. 2004-2020.

② 西安市文物局，西安建筑科技大学建筑学院，西安城市规划设计研究院. 西安历史文化名城保护规划[S]. 2004-2020.

③ 西安市文物局，西安建筑科技大学建筑学院，西安城市规划设计研究院. 西安历史文化名城保护规划[S]. 2004-2020.

④ 西安市文物局，西安建筑科技大学建筑学院，西安城市规划设计研究院. 西安历史文化名城保护规划[S]. 2004-2020.

（3）古城保护规划原则

①正确处理历史文化名城整体保护与具体文化遗产保护的关系；

②正确处理自然生态环境保护与历史文化遗产保护的关系；

③正确处理无形文化遗产与历史文化名城保护的关系；

④正确处理历史文化名城保护与城市现代化建设的关系；

⑤正确处理城市长远利益与近期利益的关系；

⑥贯彻“以人为本”的思想，使历史文化名城在保护中得以持续发展。[①]

（4）古城保护规划框架

通常而言，古城的保护规划框架，主要是为了确定历史文化名城的保护范围。西安古城保护规划框架的重点有二：首先是历史文化名城核心范围八水十一塬（八水即渭、泾、沣、涝、潏、滈、浐、灞八条河流，十一塬即乐游塬、龙首塬、凤栖塬、少陵塬、白鹿塬、铜人塬、洪庆塬、高阳塬、细柳塬、咸阳塬和毕塬）和历史文化名城的影响范围；其次是保护内容，有自然历史环境、城市历史格局、大型遗址、历史街区、其他物质类文化遗产、无形文化遗产、古树名木和地下文物。

（二）大理古城

1. 简介

大理古城又名叶榆城、紫城，位于云南省西北部，横断山脉南端。古城位于苍山之下，洱海之滨，占地面积约3万平方千米。

大理古城始建于唐朝，原名为羊苴咩城，其现存古城始建于明洪武十五年（1382）。一直以来，大理白族自治州在云南具有举足轻重的地位，现今，大理古城内的十几处重点文物保护单位，不仅承载着大理的宗教、历史文化，还成为大理旅游的核心资源。1982年，大理古城被列入第一批国家历史文化名城（图2-4）。

① 西安市文物局，西安建筑科技大学建筑学院，西安城市规划设计研究院. 西安历史文化名城保护规划[S]. 2004-2020.

（a） （b） （c）

图2-4 大理古城街巷空间〔（a）（b）为作者自摄，（c）为郑颖摄〕

2. 城内建筑

（1）南城楼

南城楼又名承恩楼或双鹤楼。南城门是古城四门之首，始建于明洪武十五年（1382），它是古城中最古老、最雄伟的建筑，也是大理古城的象征和标志（图2-5）。古城墙四面各长约1500米、高约6米、厚约12米。郭沫若先生于1961年游

图2-5 南城楼（郑颖摄）

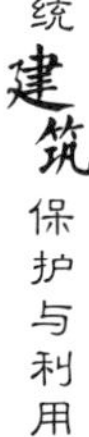
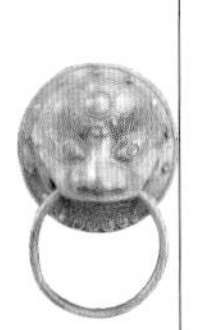

览大理时亲笔在城门上题写“大理”两个字。

（2）天主教堂

法国牧师严美璋在1927—1932年修建了该教堂。教堂坐东朝西，包括大门、通道、二门和礼拜堂等部分，主体建筑为台梁式结构，外面双层皆偷心，顶部施以彩绘藻井，大门斗拱挑檐歇山顶，二门与教堂相连。堂前为门楼，双层，中间高两边低，采用白族实木结构建筑形式，使用狮、象、龙、凤等瑞兽斗拱挑檐。1985年，该教堂经全面修缮后，被列为大理市重点文物保护单位。

3. 古城保护规划

目前大理古城的规模、街巷格局保存得较为完善。城廓基本完整，城墙只有部分土夯墙被保留下来。古城内南、北两水库是20世纪50年代依托古城墙修筑的人工水库。四道城门及门楼、西南角城墙均于20世纪80年代始恢复重建，古城中四隅角楼已不复存在。①

大理古城作为第一批国家级历史文化名城，保护与发展的矛盾突出，古城保护难度较大。目前大理白族自治州共有各级文物保护单位87项，其中国家级重点文物保护单位7项，省级文物保护单位19项，且大部分保存尚好。

（1）早期保护规划

大理白族自治州曾于1988年编制了《大理历史文化名城保护规划（1997—2015）说明书》，这是指导大理古城保护工作的重要依据。该文件的保护范围包括大理古城内的文物古迹、民居建筑、古城风貌、视廊及道路风貌等，并制定了相应的保护措施与建设控制要求。②

大理古城改为镇后，城市建设虽得到控制，但发展仍然是主要趋势，我们通过对古城近20年发展变化的梳理可以看出，虽然有关部门严格控制古城的发展规模，但古城用地规模仍以较快的速度扩展。③

《大理历史文化名城保护规划（1997—2015）说明书》对大理古城的主要保护措施如下。

①城市建设用地主要向南发展，在古城与下关之间留出保护距离。规划确定

① 孙平，谢军. 大理古城保护与发展思考[C]. //城市规划和科学发展——2009中国城市规划年会论文集. 2009：4171-4177.

② 孙平，谢军. 大理古城保护与发展思考[C]. //城市规划和科学发展——2009中国城市规划年会论文集. 2009：4171-4177.

③ 中国城市规划设计研究院，大理石城乡建设环境保护局. 大理历史文化名城保护规划（1997—2015）说明书[S]. 1998-12.

城市发展方向是向下关和凤鸣拓展，严格控制大理古城的用地规模，使大理古城人口、用地与交通压力得到缓解；在古城与下关之间，规划一田园风光带，以保持古城的独立发展，保护城市外围的田园山水环境。为安置古城周围的拆迁居民，并满足古城人口增长的需求，在南城门外结合现有居住区的改造，规划了一片低层住宅区，占地约800000平方米。

②控制古城周围的环境空间，保持古城形态的完整。

③有效疏导古城的对外交通，协调古城保护与旅游发展之间的矛盾。

④严格控制在古城及周围山上对大理石的乱挖乱掘，明确大理石的合理开采范围；控制对洱海水体的环境污染，对流经古城的三条溪水进行严格保护，为大理古城创造一个优美良好的自然生态环境。

⑤用地结构的调整。分期搬迁古城区内占地面积大，对居民生活和城市景观有较大影响的工业企业单位，如北门处的日用化工厂、西门外的锅炉厂、城西北角的变压器厂等。至规划期末，逐步实现古城内工业用地的全部搬迁。

⑥重新整合交通道路。古城区内部的道路，除博爱路、玉洱路及文化路已经改造成交通性道路外，其他道路基本保持现有的等级格局，皆规划为非机动车道路，主要为居民出行及游客游览服务，严禁机动车穿行。

⑤对文物古迹进行经常性、一贯性的维护。将濒临严重损毁的文物保护单位列为重点抢救对象，同时加强对重点开放的文物古迹进行环境综合整治。重点文物古迹中的古城遗址，除太和城遗址中的南诏德化碑一带外，原则上不提倡对外开放，因其地上文物除部分土夯城墙遗址外，基本上没有其他历史遗存，而地下文物方面大多还没有探明。对不提倡对外开放的部分进行严格保护，控制其地面上的任何建设工程，并划定一定的范围，立碑纪念，以保存地下古迹，并为以后在一定条件下有可能进行的古城历史考古发掘及科学研究创造条件。①

（2）现阶段的保护规划

2018年，《大理市城市总体规划（2017—2035年）》批准实施。该文件要求相关部门做好历史文化名城保护和城市特色风貌塑造；统筹协调发展与保护的关系，加强对历史文化遗产、历史文化街区、文物保护单位、历史建筑、历史文化名镇（名村）和传统村落、非物质文化遗产等的保护力度，凸显大理历史文化的整体价值，塑造大理城市风貌和民族特色；加强城市设计和风貌管控，城市建设

① 中国城市规划设计研究院，大理石城乡建设环境保护局. 大理历史文化名城保护规划（1997—2015）说明书[S]. 1998-12.

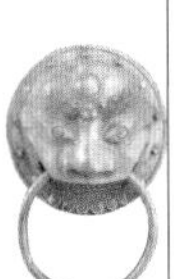

要充分体现山水融合的理念，注重山、水、田、城的关系，强调山水城市景观环境的保护；提升人居环境，建设高品质和人性化的公共空间，彰显自然、传统和现代有机交融的城市特色。

（三）建水古城

1. 简介

建水是云南省红河哈尼族彝族自治州所辖县，位于云南省中南部，红河中游北岸，滇东高原南缘。建水古时又名步头、巴甸，汉代属益州郡毋掇县，唐元和年间（806—820）南诏国于此筑“惠历”城，汉译为“建水”，隶属于通海都督府，大理国前期设建水郡，元置宣慰司，明代为建水州，乾隆三十五年（1770），降建水州为建水县。据《中国名城》一书记载，建水作为滇南的政治、军事、经济和文化中心达7个世纪之久，形成了以汉文化为主体、融合各民族文化的多元一体的边地文化。①

1987年，建水被评为云南省历史文化名城和重点风景名胜区。1994年，建水经国务院批准为第三批中国历史文化名城，同时建水也被誉为国家重点风景名胜区。今与昆明、大理、巍山、丽江并列为云南省国家级历史文化名城。②（图2-6）。

图2-6　建水古城双龙桥（作者自摄）

① 王燕. 文旅融合视角下历史文化名城的保护与可持续发展——以云南建水古城为例[J]. 人文天下，2018（21）：65-71.

② 王燕. 文旅融合视角下历史文化名城的保护与可持续发展——以云南建水古城为例[J]. 人文天下，2018（21）：65-71.

2. 城内建筑

建水古城内有朱家花园、朝阳楼、建水文庙等极具特点与内涵的传统建筑（图2-7）。

（a）

（b）

图2-7　建水古城建筑剪影（作者自摄）

（1）朱家花园

朱家花园是清朝光绪年间由乡绅朱渭卿兄弟修建的，其主要建筑为住宅和宗祠（图2-8）。朱家花园建筑占地面积两万余平方米，其中房屋占地面积五千余平方米，主体建筑采用“纵四横三”的平面形式，楼宇雕刻精美，结构精巧。庭院厅堂布置合理，空间景观层次丰富。这是一座具有典型的南方特色的私家园林。是汉族文化与少数民族文化相结合的产物，具有较高的建筑艺术价值。

图2-8　朱家花园（作者自摄）

（2）朝阳楼

朝阳楼始建于明朝洪武二十二年（1389），距今六百多年，是建水古城的重要标志（图2-9）。

图2-9　朝阳楼（作者自摄）

（3）建水文庙

建水文庙始建于元朝至元二十二年（1285），距今七百余年（图2-10）。建

（a）

（b）

图2-10　建水文庙（作者自摄）

水文庙，历经40多次的扩建，占地面积超过一万平方米。其拥有仅次于曲阜孔庙和北京孔庙的建筑规模水平和保存完好的程度。建水文庙是按照曲阜孔庙的风格建造的，是一座南北对称的建筑，沿着对称轴分布着许多精美的建筑。

3. 古城保护规划

近年来，建水古城的保护工作取得明显成效，古城的城池格局、街巷肌理形态基本得到保存，具有代表性的历史建筑保存完好，文物修缮工作成就可喜，并已成功纳入国家级非物质文化遗产名录，建立了传承点，民族民间文化得到有效的传承和发展；一些传统建筑和村落在建设过程中也得到了有效的保护和开发利用。如今，建水古城正逐步迈入文化内核聚变、文化活力彰显的新时代。

根据《建水县人大常委会关于建水县历史文化名城保护工作情况的调查报告》（2016），建水古城的保护规划具有以下特点。

其一，依法保护，科学规划，确保历史文化名城保护的法治化、规范化。建水县人民政府相继制定了《建水县实施〈云南省红河哈尼族彝族自治州建水历史文化名城保护管理条例〉办法》《国家历史文化名城建水古城风貌保护与恢复建设管理实施细则》《建水古城传统风貌保护与恢复实施办法（试行）》，依法开展历史文化名城的保护工作。在推进文化名城保护项目建设的过程中，认真落实《建水国家历史文化名城保护规划》，迎晖路、朝阳北路、南城门、北城门、临安府衙、团山古村、碗窑古村等片区被纳入保护范围，并编制了详细的保护规划，规范了历史文化名城保护的项目建设。

其二，创新保护方式，以试点带动全局，确保历史文化名城风貌恢复的真实性、延续性。在恢复古城主街道临安路历史风貌的过程中，相关部门成功创造了以“产权不变、弹性红线、利益驱动、保护古城、发展新城”为精髓的全国历史文化名城保护、建设、管理的“临安模式”，减少了古城保护与恢复的矛盾和压力。在遵循“临安模式”的前提下，迎晖路试点项目进一步将建水传统建筑的特色运用到了古城风貌的恢复中，保持了古城历史风貌的真实性和延续性，为加快历史文化名城的历史街区和历史建筑的风貌恢复提供了成熟的经验和做法。

其三，聚集各方力量，文物修缮和重要历史遗迹的恢复、重建工作进一步加快。近年来，建水完成了“十大院落”的修缮，“文献名邦坊”的恢复重建、全国重点文物保护单位“团山民居建筑群”一期工程（上庙、下庙、皇恩府、大乘寺）的修缮，省级重点文物保护单位“天缘桥”的局部抢救性维修，云龙山古建筑群、燃灯寺、清真古寺、黄龙寺的维修保护，广慈宫的修复，南山寺的修复，等等。而社会各界参与保护历史文化遗产的热情和实际行动，则成为该县历史文化名城保护的重要力量。

其四，着力推进非遗保护，为历史文化名城再添文化活力。近年来，建水县人民政府紧紧围绕“旅游文化大县”的发展目标，以建立名录体系和保护传承人为核心，加强非物质文化遗产保护工作。非物质文化遗产得到有效的传承和保护，并在各类文化活动中不断显现出其深厚的历史价值和艺术价值。

（四）平遥古城

1. 简介

平遥古城位于山西省晋中市平遥县，始建于周宣王时期，为西周大将尹吉甫驻军于此而建。秦置平陶县，汉置中都县，北魏改名为平遥县。明朝初年始建城墙。明洪武三年（1370），当地人在旧墙垣基础上重筑城墙，并全面包砖。其后景泰、正德、嘉靖、隆庆、万历各朝先后进行过多次补葺，更新城楼，增设敌台。康熙四十三年（1704）因皇帝西巡路经平遥，修筑了四面大城楼，使城池更加壮观。1986年，平遥被列入国家第二批历史文化名城，1997年被列入世界遗产名录（图2-11）。

图2-11　平遥古城街巷空间（易兵摄）

2. 城内建筑

（1）平遥县衙

平遥县衙在平遥古城的中心位置，始建于北魏。元至正六年（1346）重修，至今已有600多年的历史。整座衙署坐北朝南，呈轴对称布局，南北轴线长200余米，东西宽100余米，占地面积约26000平方米。整个县衙的建筑群主从有序，错落有致，结构合理，是一个有机的整体。

（2）日升昌票号

日升昌票号成立于清道光三年（1823），由山西省平遥县西达蒲村的富商李大金出资和雷履泰共同创办。其总号设在山西省平遥县城内繁华的西大街路南，占地面积为1600多平方米，用地紧凑，功能分明。其分号遍布全国30多个城市，远到欧美、东南亚等地区，以“汇通天下”而闻名于世。

（3）平遥文庙

平遥文庙坐落于平遥县城东南部，始建于唐贞观初年，是我国现存各级文庙中历史较为悠久的殿宇。金大定三年（1163），重建大成殿并保存至今。平遥文庙坐北向南，规模宏大，规制齐全，2004年正式向游人开放，成为平遥古城的主要旅游景点之一。

（4）清虚观

清虚观是平遥古城内最大的道观，观内建筑坐落于东大街东段路北。清虚观始建于唐显庆二年（657），原名太平观，于宋治平元年（1064）改名为清虚观。于元初改名为太平兴国观，后又易名太平崇圣宫，清代时复称清虚观。1998年，清虚观被辟为平遥县综合博物馆。

（5）城门顶

城门顶或称“谯楼”。城楼是位于城墙顶部精致美观的高层建筑，平常用于登高瞭望，战时又可供主将坐镇指挥，是一座城池重要的高空防御设施。平遥城墙共有6座城楼，始建于明代，清康熙四十二年（1703）曾补修重筑。城楼高16.14米，宽5间，13.72米，进深4间，10.04米。城楼具有造型古朴典雅、结构严谨健等特点。

（6）双林寺

双林寺始建于北齐武平二年（571），坐北朝南，庙群占地面积约为15000平方米，内部分为东西两大部分。寺内西边为庙院，沿中轴线上分布着三进院落，由十座殿堂组成。寺内十座大殿内保存有两千余尊元代至明代（13—17世纪）的彩塑造像，享有“彩塑艺术的宝库”的盛誉。

3. 古城保护规划

基于平遥古城的历史与现状，山西省城乡规划设计研究院设计了《世界文化遗产平遥古城保护性详细规划》。该文件结合《历史文化名城保护规划规范》和《全国重点文物保护单位保护规划编制办法》的要求，从平遥古城的特征和价值两个方面出发，确定平遥古城的功能定位为以文化为核心功能，以旅游为主导产业，以当地居民为主要社会支撑，集文化、旅游和居住为一体的综合性城市功能区，从而明确平遥古城作为“活态遗产”的属性，避免了“博物馆城”“影视城”“旅游城”的发展趋势。

该文件从平遥古城的价值体系和特征出发，建立了整体的保护框架，其重点内容包括以下几个方面。

（1）保护“堡寨相错，龟城稳固”的防御型特色。

平遥古城具有独特的防御体系，现有保存完好的城墙及城门，其方城格局亦保存完整。该文件在城墙内侧疏通环城马道，改善城墙周边环境，以保护方城格局，并将周边山水和遥相呼应的外围七座堡寨纳入保护体系。

（2）保护“布局对称，县制完整”的功能布局特色。

平遥古城以南大街为轴线，按左城隍（城隍庙）、右衙署（县衙）、左文右武（文庙、武庙）、东观（清虚观）、西寺（集福寺）、市楼居中的传统布局，形成对称式结构，这也是平遥古城的特色所在。该文件大力保护在这一结构中起重要作用的建筑群，并逐步恢复了武庙和集福寺的公共活动功能。

（3）保护“街巷有序，坊里井然”的街巷格局特色。

道路街巷是城市重要的结构要素，因此该文件十分重视保护平遥古城在历史上形成的“四大街、八小街、七十二条蚰蜒巷”的街巷格局，包括保护南大街、东大街、西大街、城隍庙街、衙门街（政府街）构成的倒“土”字形街格局；保护并逐步恢复七十二巷；保护壁景堡等典型坊里格局。

（4）保护“合院严正，楼阁巍峨”的建筑空间特色。

保护古城内公共建筑、商业建筑和居住建筑的合院模式空间布局及传统院落肌理；保护古城整体建筑高度关系，强调市楼、城楼、文庙、城隍庙、武庙、清虚观建筑高度的主体地位。

（5）保护“砖瓦青灰，琉璃绚烂”的整体色彩。

古城内民居建筑色彩均为青砖、青瓦，营造出厚重、淳朴的古城风貌，庙宇

等公共建筑的色彩则较为绚丽。因此，为了更好地构成古城眺望景观中的整体背景色彩以及街巷景观中的界面色彩，该文件对古城的建筑色彩提出了特别的控制要求。

（6）保护“商道彪炳，文化厚藏”的非物质文化遗产。

平遥古城包含的文化内涵极其丰富，包括晋商文化、宗教文化、民俗文化等等，不仅独具特色，而且与物质文化遗产相联共生。[①]

（五）会理古城

1. 简介

会理位于四川省凉山彝族自治州南部，东邻宁南、会东两县，南为金沙江环绕，连接云南省禄劝、武定、元谋、永仁四县，西接攀枝花市仁和区、盐边县、米易县，北靠本州德昌县，国道108线自北而南纵贯该县。2011年，会理被列为国家历史文化名城。滇民族文化、中原汉族文化、红色文化的厚重积淀，还有历史上遗留下来的建筑艺术珍宝，其艺术价值、历史价值、科学价值，在全省乃至全国都独具特色（图2-12）。

2. 城内建筑

会理古城的街巷格局和风貌保存较为完整（图2-13），特别是南街（图2-14）、科甲巷、小巷等街区。其传统街巷格局极具特色，穿城三里三，围城九里三，城外有城。以钟鼓楼为中心，南北街—北关为南北中轴线，东西关—东西街为东西轴，二十三条街巷为经络，形成独有的棋盘式传统街巷格局。城内历史建筑造型精美，民居院落质朴典雅，具有较高的艺术价值和游赏价值。其中城内有北门城楼、金江书院、天主教堂等省级文物保护单位，以及科甲巷9号胡宅、13号邹宅、19号邹宅等文物遗迹建筑（图2-15）。

（1）钟鼓楼

钟鼓楼位于会理古城内十字大街，始建于清雍正十二年（1734），总高22米。钟鼓楼做工精细，造型优美壮观。

（2）嬴洲公园

嬴洲公园，坐落于城内的西街，原为明代所设水牢。清末，由几省会馆改造为园林，1980年修复一新，又新建了驻鹤亭、藕香桥、金镜阁、玉华池等。

① 邵甬，胡力骏，赵洁，等.人居型世界遗产保护规划探索——以平遥古城为例[J].城市规划学刊，2006（05）：94-102.

a. 清代同治时期会理古城鸟瞰图

b. 清代同治时期会理古城鸟瞰图

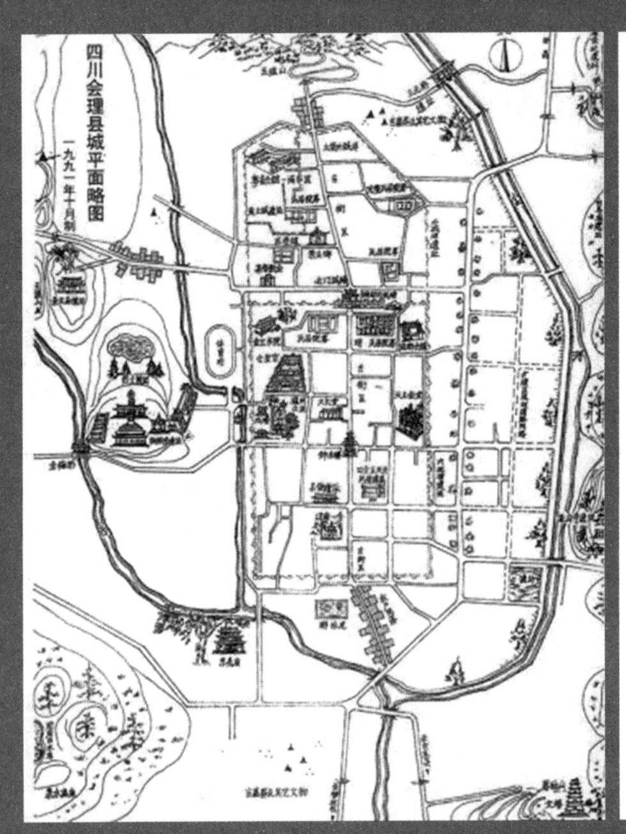

c. 20世纪90年代会理古城鸟瞰图

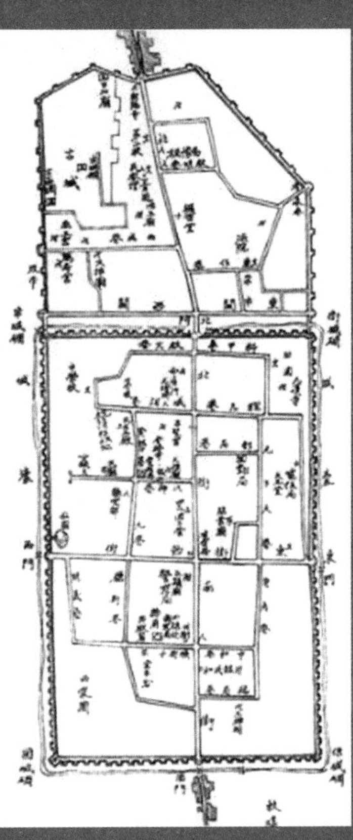

d. 民国时期会理古城鸟瞰图

图2-12　会理古城平面演变图（图片来源：会理县志，1994年版）

图2-13　会理古城街巷空间（四川省新视野城乡规划研究设计有限公司摄）

（3）会理文塔

会理文塔，因塔身为白色，故当地又称其为白塔，位于会理县城关镇东南部的南阁乡文峰山巅，距县城两千米，为会理县八景之一（图2-16）。据有关史料记载，文塔曾于清道光二十一年（1841）重修。该塔建筑面积为68.89平方米，为九级四面塔身，高31.8米，可经底层北面的拱门进入塔内。塔身的石棂上原有一副对联，现仅存上联“文峰峭凌云一径登峰造极”，下联不存。第三、四级内

图2-14　维修中的南街建筑图（四川省新视野城乡规划研究设计有限公司摄）

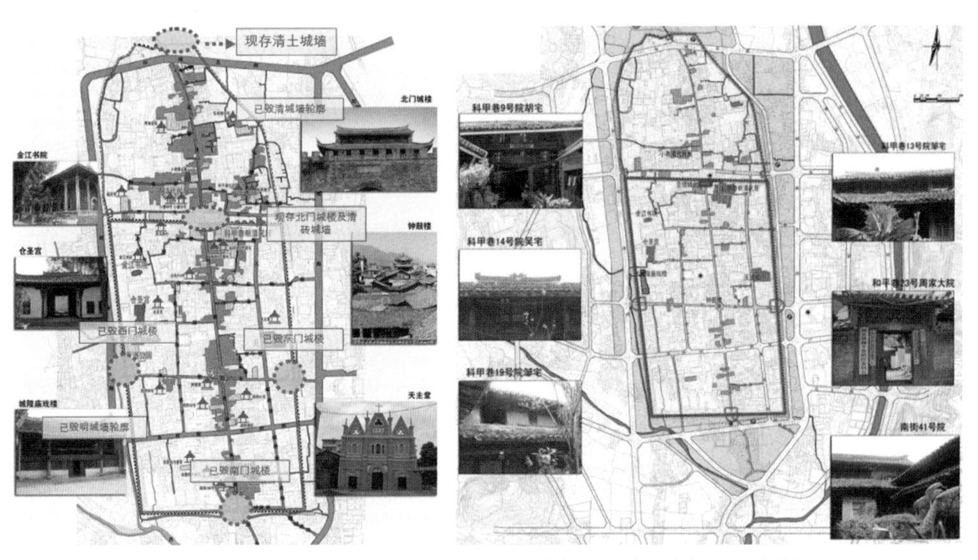

图2-15　文物遗迹建筑一览图（四川省新视野城乡规划研究设计有限公司绘制）

有大理石浮雕如来佛和四大天王像。第五、六级有小圆窗。

图2-16　会理文塔（作者自摄）

3. 古城保护规划

2018年，会理县主管部门批准实施《会理历史文化名城保护规划（2016—2030年）》，该文件要求保护与发展相互促进，整体保护会理古城的风貌和街巷格局，保护历史地段和文物古迹，保护独特的地方文化，妥善处理老城与新城、保护与更新的关系，营造建筑群的图底关系。该文件以有机更新的方式，保持并延续会理古城内基本文脉，力图再现古城川滇锁钥的要塞风貌。

（1）保护目标

该文件确定的保护目标为会理古城空间形态和环境风貌，全面展示名城山水城市风貌，并实现全面可持续发展。

（2）保护范围划定

该文件按县域、历史城区、历史文化街区和文物保护单位及历史建筑等分类进行系统性保护，在重点保护历史城区的城市格局、风貌、高度、视线通廊等基础上，加强对县域内五大历史文化街区的保护。

①南北街历史文化街区，定位为南方丝绸之路传统商业贸易文化区。

②东明巷历史文化街区，定位为市井民俗文化区。

③科甲巷历史文化街区，定位为科举士绅文化区。

④西成巷历史文化街区，定位为古道马店客栈、商帮文化区。

⑤北关历史文化街区，定位为南方丝绸之路传统手工作坊文化区。

该文件要求合理划分历史城区功能，促进新城发展，将历史文化保护与城市经济结构调整、产业发展相结合，实现历史文化资源的综合利用和传承、发展；以历史文化资源、风景名胜和自然风光等为依托，做好文化遗产展示和旅游线路规划，完善公共服务设施及旅游配套设施，促进旅游业发展；优化道路交通系统，建立健全消防、防洪、防震等城市安全体系。[①]

（六）阆中古城

1. 简介

阆中市是南充市代管的县级市。它位于四川盆地东北部，嘉陵江中上游，辖区面积约1878平方千米。东靠仪陇县，南连南部县，西邻剑阁县，北接苍溪县。因城在阆山、阆水中而得名，有“阆苑仙境”“阆中天下稀”的美称，被称为中国四大古城之一。

阆中，夏为梁州之域，商为巴方，周属巴子国，秦设阆中县。汉代属巴郡。据传，三国时期，张飞曾在此驻守7年，死后葬于此地，因此阆中设有汉桓侯张飞祠。唐朝，滕王李元婴在此建造宫苑，起名阆苑。民国时期，红军曾在阆中转战。1984年，四川省批复阆中为历史名城。1986年，国务院批复阆中为中国历史文化名城。1991年，国务院批复阆中撤县建市。[②]

2. 城内建筑

阆中有多处国家级、省级文物保护单位，城北现保存有完好的百余条古老的街巷，数百栋成片的明清民居。阆中传统建筑群始建于唐宋，繁盛于明清，形成了有唐宋格局、明清风貌的古街古院。传统建筑的基本格局结合自然条件、空间环境，高低起伏，错落有致，空间抑扬闭合，建造上采用对景、错景、障景等手法，使每个院落甚至单栋建筑都成为城市的有机组成部分。可以说，阆中传统民居是一部石木结构的史诗，是蜀汉文化的重要组成部分，对发扬民族传统文化具有重要价值。如果说连续性、独立性和变化性构成了中国传统建筑发展的基本特点，那么阆中现有的传统民居建筑群则是这一特点的充分体现。

① 本节主要参考了《会理历史文化名城保护规划（2016—2030）》。

② 陈菲，刁承泰，吕韬，等. 历史文化名城阆中的可持续发展与保护[J]. 四川师范大学学报（自然科学版），2003（02）：197-200.

（1）杜家大院

杜家大院（图2-17）同时具有明代建筑疏朗淡雅的韵味和清朝建筑精美繁复的特点，将北方四合院和江南园林建筑的特点融合于一体，从而形成“串珠式”风格的建筑群体，是阆中古镇前店铺后居室的民居兼商业型院落的典型代表。

a. 杜家大院门厅空间

b. 杜家大院内庭空间

图2-17 杜家大院（张磊摄）

杜家大院共有7个大小天井，43间房屋，3道街门。前面3间临街房屋用做店铺，其他为生产、生活用房。杜家大院建筑从高处往低处修建，从下新街街面直抵嘉陵江江岸。

（2）华光楼

阆中华光楼又称“古镇江楼”（图2-18），是四川省省级文物保护单位，位于古城城中，横跨大东街南头，位于上、下华街之间，临嘉陵江，正对南津关古渡。它是阆中古城内现存的楼阁中建造最早、最宏伟壮观的楼阁，被称作“阆苑第一楼”，是阆中古城的标志性建筑。

华光楼建在5米高的石砌台基上，共3层，南北向起拱形门洞，供行人通过。华光楼屋顶为三重檐歇山式盝状顶，覆翠绿色琉璃瓦，脊饰相当繁复，重脊套人、兽、鸱吻，正脊宝珠形顶高达3米，12个飞檐凌空，宝顶摩云。楼阁内部构造精美，除底层为石砌拱券外，以上三层为全木结构，屋面为琉璃筒瓦，有仙人塑像、屋脊宝顶等，工艺极为考究，并具有地方特色。楼身通高36米，四柱直木，全系木结构，各层装花窗，并有回廊周匝。

图2-18　华光楼（张磊摄）

（3）中天楼

中天楼（图2-19）位于阆中古城的双栅子街、北街、西街和武庙街的交汇处，又名四排楼，阆苑十二楼之一，楼高25米，在一大片古城区中拔地而起，气势恢宏，建造精美，也称为“阆中风水第一楼”。[①]

中天楼始建于唐朝，后屡经重建、修补，为三层木质高楼，民国间毁圮，2006年市政府遵循“修旧如旧，恢复其历史原貌”的原则，结合川北地区传统建筑风格进行设计重建。重建之后的中天楼共三层，为底框结构，建筑面积为185.09平方米。[②]

① 陈菲，刁承泰，吕韬，等. 历史文化名城阆中的可持续发展与保护[J]. 四川师范大学学报（自然科学版），2003（02）：197-200.

② 陈菲，刁承泰，吕韬，等. 历史文化名城阆中的可持续发展与保护[J]. 四川师范大学学报（自然科学版），2003（02）：197-200.

a. 中天楼

b. 中天楼及内院空间

图2-19　中天楼（张磊摄）

（4）五龙庙

五龙庙现仅存后殿，坐落于四川省阆中市河楼乡白虎村，其屋顶为布筒瓦覆盖的单檐歇山式，面阔三间，檐柱侧脚明显，前檐下施六铺作斗拱出双挑：第一挑为呈翼型的瓜子拱雕，第二挑华拱左右各出斜拱。斗拱用料考究，梁架举折小，屋面平缓。四根檐柱扎实粗大。整个建筑融合了宋代《营造法式》中某些建筑的特点和较为明显的地方特色。其“叉手”用料在同期建筑中极为罕见，左右次间还保持“草袱”及圆木椽子。建筑为大式作法，其形制与山西的五龙庙相似。

第四节　中国历史文化街区

一、历史街区的定义

我国历史街区（Historic Districts）的概念，是1985年在历史文化名城保护的基础上提出的。1996年的历史街区保护（国际）研讨会（“黄山会议”）明确指出：历史街区是保护历史文化遗产的重要一环。随着文化遗产保护进程的不断发展，在文化遗产框架下进一步诠释历史街区概念的必要性与重要性日益凸显。[①]

历史街区作为一种文化遗产，从分类上说，它是一种复合遗产，是物质文化遗产和非物质文化遗产相互依存的复合体。在文化遗产保护的框架下，历史街区可界定为：保存着一定数量和规模的历史遗存且历史风貌较为完整的并具有与之相依存、相延续的非物质文化遗产的生活街区。[②]

具有公共通道的居民点就可称为街区。历史街区是具有历史价值的生活街区。就其字词本意来说，历史街区应该包括三个方面的含义：其一，历史街区是具有历史文化价值的街区，以此来区别一般的街区；其二，历史街区是个区域概念，是由街道及周围社区共同构成的区域，与单体的建筑或院落不同；其三，历史街区是个生活性社区，代表一种长期形成的开放居住形态。[③]

一些城市在过去的盲目建设中，已经使部分高品质的历史街区遭受了严重破坏，甚至荡然无存，如今即使采取一些实际的保护行动也难以挽回。这令人深刻地意识到，文化遗产是无法再生的资源。历史街区是承载历史文化名城价值和特色的关键载体，其数量和规模固然重要，但其品质才是关键中的关键，因此对历

---

① 曾琼毅. 文化遗产框架下历史街区概念的诠释[J]. 四川建筑，2010，30（03）：17-18.

② 曾琼毅. 文化遗产框架下历史街区概念的诠释[J]. 四川建筑，2010，30（03）：17-18.

③ 曾琼毅. 文化遗产框架下历史街区概念的诠释[J]. 四川建筑，2010，30（03）：17-18.

史街区品质进行科学保护，意义十分重大。[①]

二、历史文化街区的定义

历史文化街区的定义出现在我国2002年公布的《文物保护法》中，紧接着在2017年修订的《文物保护法》中也沿用了这部分内容，修订后的《文物保护法》规定："保存文物特别丰富并且具有重大历史价值或者革命纪念意义的城镇、街道、村庄，由省、自治区、直辖市人民政府核定公布为历史文化街区、村镇，并报国务院备案。"

《历史文化名城名镇名村保护条例》在"附则"中对历史文化街区做出了定义：历史文化街区是指经省、自治区、直辖市人民政府核定公布的保存文物特别丰富、历史建筑集中成片，能够较完整和真实地体现传统格局和历史风貌，并具有一定规模的区域。

《历史文化名城保护规划标准》对历史地段的定义则为："能够真实地反映一定历史时期传统风貌和民族、地方特色的地区。"其中对历史文化街区的定义为："经省、自治区、直辖市人民政府核定公布的保存文物特别丰富，历史建筑集中成片，能够较完整和真实地体现传统格局和历史风貌，并且有一定规模的历史地段。"与《历史文化名城名镇名村保护条例》中的定义完全一样。

按照《住房和城乡建设部、国家文物局关于开展中国历史文化街区认定工作的通知》（建规〔2014〕28号），2015年4月21日，住房和城乡建设部、国家文物局公布了北京市皇城历史文化街区等30个街区作为我国第一批历史文化街区。[②]

三、历史文化街区保护的内容

据《华盛顿宪章》："历史文化街区应保护街道的格局及空间形式，它包括建筑物和绿化、旷地的空间关系；历史性建筑的内外面貌（建筑体量、建筑形式、建筑风格、材料、建筑装饰等地段，以及建筑与周围环境的关系，包括自然

① 张兵，康新宇. 中国历史文化名城保护规划动态综述[J]. 中国名城，2011（01）：27-33.

② 住房和城乡建设部. 国家文物局关于公布第一批中国历史文化街区的通知[EB/OL].（2015-04-21）[2024-02-27]. http://www.mohurd.gov.cn/gongkai/zhengcefilelib/20150421_20076.html.

和人工环境的关系，地段的历史功能和作用等。”

当前我国历史文化街区的保护还需要依法编制保护规划并严格实施，完善保护管理工作机制，及时协调解决保护工作中出现的问题。积极改善历史文化街区基础设施和人居环境，激发街区活力，延续街区风貌，坚决杜绝违反保护规划的建设行为。通过这一系列措施，能更好地保护我国优秀历史文化遗存，完善历史文化遗产保护体系，进一步推动了我国历史文化街区保护工作向前发展。①

四、相关案例鉴赏

（一）成都宽窄巷子历史文化街区

宽窄巷子位于成都市青羊区长顺街附近，是由宽巷子、窄巷子和井巷子平行排布组成。它始建于清朝康熙年间派兵平息准噶尔袭扰西藏的叛乱后，为留驻成都的千余兵丁而修建的满城——少城。它是当时“八旗”军营和家眷住地。当时的宽窄巷子分别被称为“兴仁胡同”和“太平胡同”，民国初年才改称为“宽窄巷子”，并沿用至今。长期以来，宽窄巷子是成都闲适市井生活的代表之一，街区融合了清代川西民居与北方四合院等传统建筑的特点。

民国后随着时间的推移，宽窄巷子也逐渐呈现出衰败的状况，房屋破旧，街区环境较差，生活设施落后等问题突显，与快速发展的现代化成都格格不入。但它作为成都少城历史遗址，对于传承成都传统历史文化具有重要意义。因此，2003年由成都市政府相关部门牵头，通过改造的方式对宽窄巷子予以保护。这种改造是以通过公共空间的嵌入与空间模式的转换来实现的，即将街区的功能进行置换与更新，同时也引入了许多新的文化活动形式与空间类型。这种保护模式带来的效益是街区的环境与设施得到更新，街区恢复了人气与活力。改造后的宽窄巷子延续了清代川西民居的风格，街道形制属于北方胡同街巷（图2-20、图2-21），看起来，它的保护改造是成功的，但街区大部分居住功能被置换为商业功能并在民居建筑的形式下进行商业活动，难免使人产生其过于商业化的感慨，

① 住房和城乡建设部. 国家文物局关于公布第一批中国历史文化街区的通知[EB/OL].（2015-04-21）[2024-02-27]. http://www.mohurd.gov.cn/gongkai/zhengcefilelib/20150421_20076.html.

图2-20　宽窄巷子街巷空间（作者自摄）

图2-21　宽窄巷子院落空间（作者自摄）

并进一步对其保护的深入程度展开反思：是“因为利用而对其保护”，还是“因为对其保护而利用”？

（二）四川省阆中市华光楼历史文化街区

作为四川省唯一入选第一批中国历史文化街区名单的街区，华光楼历史文化街区很具有典型性。该街区位于阆中古城（图2-22）重点保护区的核心地段，和锦屏山国家AAAA级风景区仅有一江之隔。该街区由大东街、上华街、下华街、下新街、上新街、醋房街县学坝、中心街、高家坎、皮房街等历史传

图2-22 阆中古城历史文化街区（张磊摄）

统街巷共同组成，面积大概有450000平方米。著名的“阆苑十二楼”之一的华光楼耸立于上华街和下华街交接处，该街区是古城阆中因水成街、因水成市的历史见证。

过去，古米仓道、金牛道在此交汇，各地商贾云集，华光楼历史文化街区逐渐形成并繁华起来，20世纪以来，由于陆路交通的发展，水运业的逐渐萧条，再加上历史和地理的原因，该街区逐渐由盛转衰，但依然保留着旧时的街道格局、古城风貌和文化习俗。它的保留向世人展示了祖先千余年来奋斗不息的艰苦历程，同时也再现了古代金戈铁马的战斗场面及和平时期贸易发达的繁荣景象。

如今，华光楼历史文化街区已成为阆中古城旅游不可或缺的元素，该街区不但是当地居民的聚居区，也是名特产品、风味小吃和旅游产品的集散地，吸引了众多游客。

（三）重庆市沙坪坝区磁器口历史文化街区

磁器口历史文化街区北靠歌乐山，面向嘉陵江，马鞍山自西向东蜿蜒伸展，横亘整个街区，该街区体现了历史风貌的完整性和历史遗存的真实性（图2-23、图2-24）。自入选历史文化街区以来，该街区的经营业态、环境卫生、公共秩序、形象风貌都得到了较大改善。

图2-23 磁器口历史文化街区（一）（作者自摄）

图2-24 磁器口历史文化街区（二）（作者自摄）

（四）云南省石屏县古城区历史文化街区

拥有大量历史文化遗产的石屏县，1999年被评为云南省级历史文化名城；2015年2月，云南省政府将石屏县古城街区列为省级历史文化街区，2015年4月，该街区被纳入第一批中国历史文化街区名录。

石屏县提出了“保护风貌、改善居住、调整结构、完善功能、增加设施、优化环境”的保护发展原则，以此来充分保护和发掘古城街区的历史文化特色和价值，努力把石屏县建设成既有现代特色又具有古城风貌的城市。与此同时还确立了历史文化名城、历史文化街区和建筑文化遗产等多层次的保护框架，有效建立了相对完善的历史文化遗产保护体系。

（五）江苏省苏州市平江历史文化街区

苏州市平江历史文化街区是苏州古城里面规模最大、保存最为完整的历史文化街区，2009年平江路被评为首批中国历史文化名街。当地政府在历史风貌保护、社会结构维护等方面使用了正确的方法来对该街区进行保护和整治，成为我国历史文化街区保护的典范（图2-25）。

平江历史文化街区的保护经验可概括为以下三点：一是根据新形势探索街区保护规划的编制重点，用以解决街区自身的问题；二是在历史环境整治中坚持了正确的保护理念；三是始终坚持“政府主导，专家领衔、社会参与”的合作模式、正确的保护观和政绩观，促进历史文化遗产保护共识的形成。

图2-25　苏州市平江历史文化街区（作者自摄）

（六）北京市皇城历史文化街区

北京市皇城历史文化街区占地约6.8平方千米（图2-26），是北京旧城整体保护的重点区域。

该街区南起长安街，北至平安大街，东至现在东城区南北河沿一线，西到皇城根一带，由紫禁城王府、皇家园林等建筑组成。“南长街—北长街—北池子—南池子”是北京市皇城历史文化街区的主要街道。[①]

① 刘晔. 历史文化名城保护与城市更新研究[D]. 天津：天津大学博士学位论文，2006.

图2-26 北京皇城历史文化街区（郑颖摄）

第五节 小 结

我国历史文化名城的各项保护原则和措施是在不断的实践中逐渐确立起来，但不无遗憾的是，近年来，部分地方片面追求经济的发展，把一些具有较高历史文化价值的建筑、村落、街区拆毁了。目前，中国各个城市正处于日益加速的现代化和国际化进程中，如何建立健全城乡历史文化遗产保护体系、创新完善保护制度和机制、传承历史文化精髓，是历史文化名城保护工作中面临的十分迫切且重要的系统工程。

因此，首先，应提高对文化遗产价值的认识，加强对文化遗产正确保护方法的学习和宣传；其次，对历史文化名城的保护并不限制城市的现代化发展，相反，应加快城市的现代化步伐，即在尊重历史的基础上扩大对外的交流，积极捕捉最新的信息，在观念、思想及制度等方面积极创新，以独特的、深厚的城市历史文化和现代化的设施条件吸引高层次的人才，开展高规格的经济文化活动，促进名城的发展。[1] 最后，合理利用城市遗产并使其真正融入时代发展，必须活化城市自身历史文化价值，历史文化名城的保护工作必须结合所在地现状，探索出适合地方特色的思路和具体措施，同时处理好保护与发展的关系，切实改善民生问题，完善各项基础设施，因地制宜，加强保护建设的科学性和可操作性。把握好历史文化名城保护与城市整体发展的有机联系，深度融合物质文化遗产与精神文化遗产的价值，在城市整体化的视野下实现历史文化名城全方位的高效保护，具有重大的现实意义。

课后思考

1. 我国的历史文化名城有哪几种类型？各自的特点是什么？在保护时应采取怎样的对策？

2. 通过查阅资料，试讲述历史文化名城保护的内涵及现实意义。

3. 我国的历史文化名城按保护情况可分为几种类型？试对一座历史文化名城的保护规划做出评价。

4. 介绍你所居住的或熟悉的城市，分析其特色。

5. 历史文化名城的保护规划属于哪一种类型的规划？它与城市总体规划、详细规划及城市设计有哪些区别？

① 高春梅，程新良，王波. 建立历史文化名城的保护与更新机制——以会理古城为例[J]. 四川建筑，2009，29（A1）：41-43.

第三章

历史文化名镇保护与鉴赏

第一节　历史文化名镇保护现状

历史文化名镇，是各地传统文化、风俗的真实反映，是“活”着的文化。然而，中华人民共和国成立以来，在一段时间内，历史文化名镇没有得到应有的保护，甚至被任意地破坏。早在20世纪80年代，我国著名学者吴良镛、王景慧、阮仪三等就分别对世界遗产、古城、古镇、传统建筑等的保护和管理进行了大量的研究，取得了丰硕成果，但由于受到城市化进程、旅游方式更新等多种因素的影响，且1982年出台的《中华人民共和国文物保护法》未将历史文化名镇纳入保护的范围，许多历史文化名镇遭到了严重破坏，一些历史文化名镇甚至消失在人们的视野里。

事实上，国际社会十分重视对历史文化名镇的保护，相关组织陆续通过了《威尼斯宪章》（1964）《关于保护历史小城镇的决议》（1975年）《保护历史城镇与城区宪章》（1987年）等文件，历史文化名镇的保护被纳入世界遗产保护体系。同时，法国、英国等欧洲国家及其日本、美国、加拿大等对历史文化名镇保护的研究也比较早，形成了相对完整的保护体系。①

在各界人士的呼吁下，为了加强对历史文化名镇的保护，2002年修订通过的《中华人民共和国文物保护法》第十四条第二款确认了利用法律手段保护“历史文化村镇”的原则，这是我国第一次将历史文化名镇的保护纳入法制的轨道，以法律的形式确认了历史文化名镇在我国历史文化遗产保护体系中的地位。2003年，原建设部、国家文物局联合发布《关于公布中国历史文化名镇（村）（第一批）的通知》，首次提出了历史文化名镇的概念，公布第一批共10个历史文化名镇，这标志着历史文化名镇正式进入我国文化遗产保护体系。2003年以后，国家又陆续公布了6批历史文化名镇（村）名单。截至2023年10月25日，全国共有312个历史文化名镇。

① 李梅. 我国历史文化名镇保护的立法研究：以《云南省和顺古镇保护条例》为例[D]. 重庆：西南政法大学硕士学位论文，2014.

第二节 历史文化名镇保护策略及意义

历史文化名镇是我国历史文化遗产的重要组成部分，保护好、继承好、发展好历史文化名镇，既是我们的义务，也是我们的责任。为了加强对历史文化名镇的保护，正确处理好保护与开发的矛盾，防止历史文化名镇在旅游开发中遭到恣意破坏，原建设部和国家文物局先后公布了数百个历史文化名镇。与此同时，有关历史文化名镇保护的法律法规也在不断地建立健全。继2002年修订的《中华人民共和国文物保护法》首次将历史文化村镇纳入法律保护的范畴后，2007年全国人民代表大会常委会第三十次会议通过《中华人民共和国城乡规划法》并再次修订《中华人民共和国文物保护法》，2008年国务院颁布《历史文化名城名镇名村保护条例》，确立了历史文化名镇保护制度。自2005年起，云南省、浙江省、重庆市等也逐渐出台了有关保护历史文化名镇的地方性法规。这些法律法规的出台，为历史文化名镇的保护提供了法律保障。①

第三节 中国历史文化名镇鉴赏

许多古镇有着和谐而统一的空间布局，古朴自然，洋溢着浓厚的乡土气息。虽然没有知名的规划师参与设计，但在长期的历史过程中，经过不断的努力建设，这些小镇形成了阴阳共济的优秀人居环境，成为我国传统文化的宝贵财富。浙江乌镇（图3-1）、江苏同里等江南古镇，目前已列入《中国世界文化遗产预备名单》。

① 李梅. 我国历史文化名镇保护的立法研究：以《云南省和顺古镇保护条例》为例[D]. 重庆：西南政法大学硕士学位论文，2014.

图3-1　浙江乌镇（郑颖摄）

一、浙江乌镇

（一）简介

乌镇隶属浙江省桐乡市，北边紧邻江苏省吴县，西边是湖州市，东边是京杭大运河，位于江苏省和浙江省的交界处。

乌镇历史悠久，秦代划河而治，西为乌墩，东为青墩，分而治之。寺院、书院等文化设施相继建立。唐代乌墩改为乌镇，为军事要塞，宋代因其优越的地理位置和便利的交通条件，转型成为商业经济小镇，商业繁荣发展，文化昌盛。至明清，乌镇已成为浙江北部的交通枢纽和重要的商品集散地。晚清以来，乌镇在太平天国掀起的战火和抗日战争的硝烟中走向衰落。[①] 民国元年，乌青两镇依旧分治。1950年，乌青两镇合并，称为乌镇，属桐乡县。2003年，乌镇被列入第一批中国历史文化名镇（图3-2）。

① 石川森. 江南古镇的多元再生与文化复兴——以浙江乌镇为例进行分析[C]. 2017城市发展与规划论文集，2017：874-878.

图3-2　浙江乌镇（郑颖摄）

（二）镇内传统建筑

乌镇在南梁时期就已出现一定规模的寺庙建筑，鼎盛时期达50余处，建筑形式有庙、观、塔、寺、庵、堂、殿、祠等，供奉着众多菩萨或地方神祇、行业神祇。如今，仅西栅景区内就有多处寺庙建筑，临近还有石佛寺和慈云寺，香火很盛。这些建筑积淀着深厚的中国传统文化，也寄托着乌镇人民祈盼幸福、安定的美好愿景。声声锣磬、袅袅香烟、缕缕梵音，千年古镇的岁月浸透了无尽的梦想。

1. 月老庙

乌镇西栅街区北侧，有一座小小的土庙，这就是月老庙（图3-3）。因其悠久的历史和灵验的传说在当地颇负盛名。

2. 修真观古戏台

修真观古戏台建于清朝乾隆十四年（1749），其后经多次修葺。现存古戏台为1919年重建。戏台与修真观之间夹着观前街，东边是兴华桥，南边是东市河。

古戏台既庄重又不失灵动，檐柱之间的檩条和雀替雕刻精美，屋顶是歇山顶（图3-4）。戏台有两层，底层前面和侧面均有门，边门通到河边。

图3-3 月老庙（作者自摄）

图3-4 歇山顶风火墙（郑颖摄）

（三）古镇保护规划

乌镇自1999年实施一期（东栅）保护工程以来，不仅保护了乌镇的历史文化和建筑遗产，而且给当地的旅游经济带来了活力，但保护利用的面积较少，大量的传统建筑没能纳入保护范围。2003年，乌镇启动了二期（西栅景区）保护工程，开始对大量传统建筑实施保护性开发。自西栅保护工程实施后，这里拥有更加完善的古代建筑和文化景观，更加和谐的自然环境。西栅河流密度和目前保留的石桥数量均为全国古镇之最，有长达1.8千米的老街，1.8千米的临水阁，30余万平方米的精美明清建筑，72座形态各异的桥梁，近万米长的纵横交叉的古河道。①

《乌镇2015概念性总体规划》提出了构建互联网时代下的城乡共生有机生长模式，形成“以水为脉、活力核、共生片区单元”的空间组织结构，以及规模适度、小巧精致、体现生态田园风情的城乡共生有机生长空间。该规划延续了江南水乡“十”字传统格局，将水系交汇处营造为中心场所，根据乌镇居民、游客和创客三类人群的需求特征，打造“十”字活力聚合空间，促进多元文化交流融合。

打造“智慧交通”也是乌镇古镇保护开发的重要内容。镇区交通管理部门确立了以慢行为主、公交优先的原则，并制作了“乌镇镇区智慧交通换乘规划

① 王铁铭. 乌镇的历史文化与建筑遗产[J]. 中华民居（下旬刊），2014（04）：173-175.

图”。首先，乌镇交通管理部门引导镇区交通流的减量和管束；其次，建立区域联动、动态诱导的镇区交通容量调控系统；最后，建设“游客换乘中心+游客服务终端”的二级旅游集散体系，设置四处换乘中心。

在古镇保护方面，规划提出保护第一的原则，对古镇“十”字形传统格局采取整体保护方式。[①]

二、江苏同里古镇

（一）简介

同里古镇位于苏州市吴江区，北离苏州18千米，东距上海80千米，镇域面积100多平方千米。[②] 同里古镇水陆交通便捷，地理位置优越，具有“诸湖环抱于外，一镇包涵其中”的格局，素有“苏淞要途”之称。1982年，同里古镇成为江苏省最早也是唯一将全镇作为文物保护单位的古镇。1995年被列为江苏省首批历史文化名镇。2003年被列为第一批中国历史文化名镇。

根据大量考古研究发现，同里古镇的人文历史可追溯到距今五六千年前的“崧泽文化”和“良渚文化”。早在新石器时代，就有先民在此生活。先秦时期，同里被划为会稽郡吴县，经济已较为繁荣，出现集市。在汉唐时期不断发展，成为繁华之地。后经数次行政区域调整，镇域继续向东南扩张。清宣统二年（1910）推行区域自治。民国元年（1912），同里设市公所。1980年，同里镇、乡合并，实行镇管村体制。2001年，屯村镇并入同里镇。[③]

（二）镇内传统建筑

同里古镇内较有代表性的建筑为退思园。退思园位于同里镇古镇区新填街234号，始建于清代光绪十一年（1885），历时3年建成。退思园现占地5674平方米，布局紧凑，格调清新，简朴无华。[④] 于2001年被列为世界文化遗产，同年也被国务院批准列入全国重点文物保护单位名单。

① 桐乡新闻网. 乌镇镇概念性总体规划公示与意见征询[EB/OL].（2012-07-24）[2020-09-30] http://txhistory.zjol.com.cn/system/2012/07/24/015244838.shtml.
② 曾博伟. 旅游小城镇：城镇化新选择[M]. 北京：中国旅游出版社，2010.
③ 金开诚. 同里[M]. 长春：吉林文史出版社，2010.
④ 唐力行. 江南文化百科全书[M]. 上海：上海锦绣文章出版社，2021.

退思园建筑布局独特，亭、台、楼、阁、廊、坊、桥、榭、厅、堂、房、轩，一应俱全。建筑组景坐春望月楼、菰雨生凉轩、桂花厅、岁寒居，点出春、夏、秋、冬四季景致，而琴房、眠云亭、辛台、揽胜阁又塑造出琴、棋、书、画四艺景观。退思园虽小而景全，不失为园林建筑史上的杰作。退思园在有限的空间内，独辟蹊径，容纳了丰富的艺术之精华，全园布局紧凑，一气呵成，有序幕，有高潮，跌宕起伏，使之成为能和江南任何一个名园相媲美的园林典范。①

（三）古镇保护规划

同里古镇文物古迹众多，仅是保存完好的明清建筑就达65000万平方米，占总建筑面积的61%。20世纪70年代末，同里启动了文化遗产的保护工作。②目前同里古镇有世界文化遗产1处，国家级文物保护单位3处（退思园、丽则女校、耕乐堂），省级文物保护单位2处（同里镇、陈去病故居）；市级文物保护单位16处，市级文控单位13处；在第三次文物普查中发现的不可移动文物点82处，消失点8处。2001年，上海同济城市规划设计研究院和国家历史文化名城研究中心编制的《同里历史文化名镇保护规划》，对同里古镇的保护工作进行了详细规划，主要内容如下：

1. 保护目标

其一，保持同里古镇现存的历史风貌，保护古镇现有区所留存的历史信息，保持传统的街巷、河道空间尺度与景观特征。

其二，在保护古镇历史文化遗产的前提下有序更新，改善环境，提高居民生活质量。

其三，发挥古镇优势，突出古镇特色，充分利用现存的历史、人文资源，发展城市文化，综合开发旅游资源，推动同里镇的经济发展。

2. 保护范围

在保护范围的确定上，同里镇坚持建筑与城镇并重、城镇与其所处自然环境并重的原则，构筑包含建筑、城镇与外围自然环境并重的整体保护框架。

3. 保护对象

（1）各级文物保护与控制单位

各级文物保护与控制单位是指古镇内现有的国家级、市级文物保护单位和镇

① 陆琦. 吴江同里退思园[J]. 广东园林，2022，44（01）：97-100.
② 王客根. 寻访中国古村镇[M]. 南京：江苏人民出版社，2019.

级文物控制单位，其绝对保护区范围以其现存遗址范围为准。

（2）控制性保护传统建筑

控制性保护传统建筑是指现存质量较好，形制完整，在历史上有重要影响的建筑和建筑群，其保护范围以其现存遗址范围为准。

（3）主要遗址和遗迹

主要遗址和遗迹是指历史上曾经有过的一些重要建筑及构筑物的现存地。

（4）各级文物保护与控制单位的建设控制地带

各级文物保护与控制单位的建设控制地带是指各级文物保护控制单位遗址界线以外10至20米范围内的区域，即各级文物保护及控制单位周边的一组建筑。

（5）重要河街两侧

重要河街两侧是指镇区内河道沿岸一幢房屋进深范围内的区域，以及中川路、铁匠弄、仓场弄、穿心弄、石皮弄等道路沿街两侧一幢房屋进深范围内的区域。

（6）主要的景观界面

主要的景观界面是指重要的开放空间周边以及主要的景观视廊所及的建筑界面。

（7）一般传统建筑区

一般传统建筑区是指古镇规划保护区界内除文保单位、遗址和遗迹、历史建筑、河街及文物周边地区以外的传统民居密集地区。①

三、云南和顺古镇

（一）简介

和顺古镇位于云南省腾冲市西南4千米处，东邻腾越镇，南邻清水乡，西邻荷花乡，北与中和乡接壤。镇域面积为18平方千米，辖3个行政村。2007年，被评为第三批国家级历史文化名镇。和顺古镇的“古”主要体现在走马串角楼、建筑民俗装饰、公共建筑及聚落总体布局模式中（图3–5）。

和顺古镇的历史可追溯到500多年前的明成化年间。当时小镇名为河上邑，

① 上海同济城市规划设计研究院，国家历史文化名城研究中心.《同里历史文化名镇保护规划》[Z]. 2001.

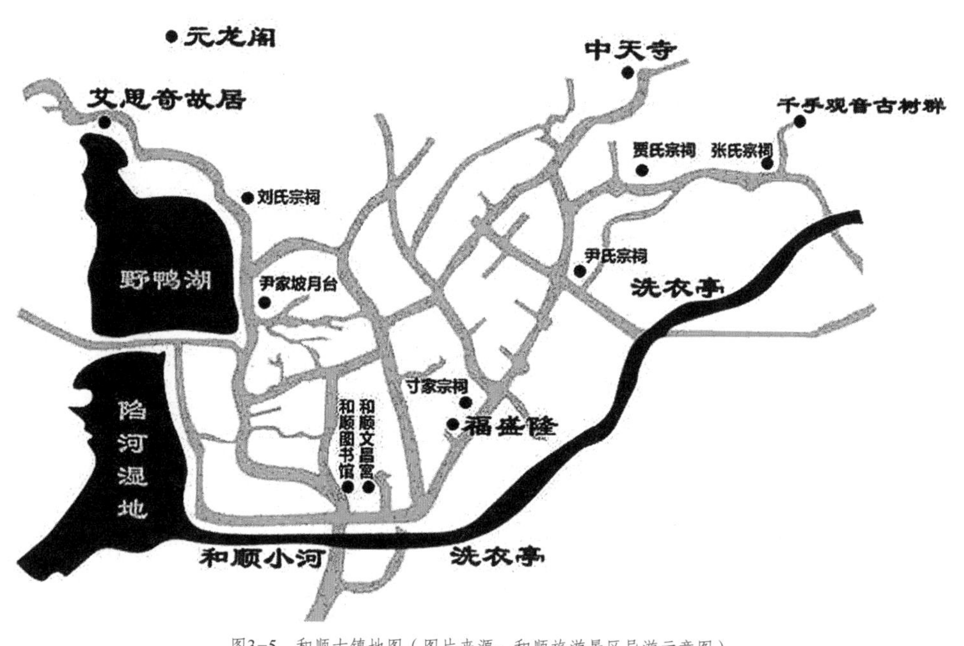

图3-5　和顺古镇地图（图片来源：和顺旅游景区导游示意图）

在清代改名为和顺。和顺地理位置特殊，华侨、旅居海外的华人多达万余人。500多年来，历代的和顺先民们将国内少数民族文化、国外异域文化和本土的中原文化相融合，形成了独具特色的地域文明。2007年，该镇被评为第三批国家级历史文化名镇。

（二）镇内传统建筑

1. 传统民居建筑

和顺的传统民居建筑是当代侨乡文化的一个典型代表（图3-6、图3-7）。当地现存古民居大都建造于清代，有少量建于民国初年，最终形成了一个庞大的民居建筑群。这些民居建筑墙基高筑，多用火山石精心砌就，粉墙灰瓦，斗角飞檐，布局合理而紧凑，工艺考究。当年这些侨居海外的华人，由于受到中西文化的双重熏陶，因而在家乡建造的住宅大多具有中西合璧的建筑风格。[①] 这些民居充分体现了和顺古镇的建筑文化特色，成为腾冲这一历史文化名城的重要组成部分。

① 孙可钦. 和顺人家图画中[J]. 今日民族，2003（07）：25-29.

图3-6　和顺古镇传统民居建筑一览（作者自摄）

图3-7　和顺古镇街景（作者自摄）

2. 李氏宗祠

和顺镇自古注重文化的发展，建筑形式丰富多彩。其建筑特色在宗祠上体现得淋漓尽致，其中尤以将花厅作为建筑空间的点睛之笔令人倾倒。

李氏宗祠（图3-8）位于和顺镇东南面，始建于1920年，历时6年建成。所用木料皆为腾冲上等楸木，其建筑规模、气势，为和顺宗祠之最。

宗祠入口

宗祠门楼

宗祠造型

图3-8　李氏宗祠（王甜摄）

李氏宗祠坐西南，朝东北，背靠黑龙山，面朝野鸭湖。院落层层递进，富有层次感，依山就势，是典型的“重堂式”[①]合院民居。

李氏宗祠整体占地面积为2490.066平方米，面阔约48米，进深约60米。宗祠总平面除损毁的部分外，基本遵循着对称布局的建筑法则，是以“三坊一照壁”为基础，通过演化、组合而成的一正两厢带花厅的合院。宗祠为典型的三进院落式布局，每一进皆上升一个台面，并且与入口山门处的月台相呼应。行进过程中能确切体会到，整个空间由宅前空间、前导空间、花厅空间和主院空间（天井）构成，符合建筑外部空间的序列组织方式。宗祠门楼沿用了徽派宗祠常有的五凤楼形式，也是和顺宗祠的普遍门楼形式。门楼为三段式，两侧皆有门匾，分别为繁体的“礼门”和“义路”，喻注重礼仪与道义。牌匾与额枋均雕有双龙戏珠纹案。宗祠拥有丰富的外部轮廓造型，优美柔和的屋顶曲线。屋顶参差起伏，错落有致，墙体下部均以石块砌筑而成，既保证墙体下部的承重与防腐，又使得上下墙面材料在质感上和色彩上形成对比。[②]

① 杨大禹，朱良文. 云南民居[M]. 北京：中国建筑工业出版社，2009.

② 王甜，傅红，魏久平. 云南和顺李氏宗祠建筑空间特征研究[J]. 工业建筑，2017，47（12）：61-65.

（三）古镇保护规划

2010年3月26日，云南省第十一届人民代表大会常务委员会第十六次会议通过了《云南省和顺古镇保护条例》。该条例的出台对和顺古镇的保护具有深远的现实意义，在当时乃至现在都是全国为数不多的专门针对古镇保护的法规。2012年中宣部政策法规研究室高青云率调研组在腾冲调研时指出："《云南省和顺古镇保护条例》制定实施的先行、先试经验，为在全国范围推动文化立法提供了借鉴。"《云南省和顺古镇保护条例》主要内容如下。

1. 确立和顺古镇保护原则

在遵循《历史文化名城名镇名村保护条例》规定的"科学规划、严格保护、保持真实性和完整等保护原则"的基础上，《云南省和顺古镇保护条例》结合和顺古镇的实际，在第一章"总则"部分的第二条规定了和顺古镇保护的基本原则。基本原则的确定，明确了保护要求，为各项工作的开展指明了方向。

2. 明确和顺古镇保护规划

无论是《历史文化名城名镇名村保护条例》，还是《云南省和顺古镇保护条例》，都明确规定了"科学规划"的原则，前者还在第三章中以专章的形式加以强化，明确古镇保护必须制定保护规划、明确保护规划编制的主体及时限、明确保护规划的内容及报送审批前应广泛征求意见、明确保护规划的审批主体及备案等原则。此外，《城乡规划法》规定："自然与历史文化遗产保护，应当作为镇总体规划的强制性内容。"根据相关法律法规，《云南省和顺古镇保护条例》第二章规定："腾冲县（今腾冲市）人民政府依法组织编制、修订和顺古镇保护规划和保护详细规划，和顺古镇内的建设、维护、修缮活动应当符合规划的要求。"该条例重申了编制、修订保护规划的主体部门，对相关部门起到了督促作用，有利于相关法律、法规的贯彻，有利于和顺古镇保护规划的制定。①

3. 落实政府机构保护职责

《历史文化名城名镇名村保护条例》加强了政府的保护责任。在此基础上，《云南省和顺古镇保护条例》明确了腾冲市人民政府在和顺古镇保护和管理中应该履行的职责：腾冲市人民政府应该根据古镇保护的相关规划，具体划定并公布核心保护区、建设控制区、风貌协调区的范围，并设立标志；对和顺古镇的文物

① 李梅. 我国历史文化名镇保护的立法研究：以《云南省和顺古镇保护条例》为例[D]. 重庆：西南政法大学硕士学位论文，2014.

古迹、历史建筑等进行普查，并协助上级相关部门做好认证、公布工作；腾冲县人民政府应该加强对和顺历史文化和民间文化的宣传、保护和开发。明确政府机构的保护责任，有利于加强对古镇的保护。

4. 细化和顺古镇保护措施

《云南省和顺古镇保护条例》在《历史文化名城名镇名村保护条例》的基础上，细化了和顺古镇的保护措施，如腾冲县政府应设立专项资金用于古镇保护，并列入同级财政预算，可以从景区门票收入中提取一定比例作为古镇维护经费；对和顺古镇内的历史建筑、古树古木等实行挂牌保护；可以在古镇内开展公益性、商业性活动，但不得破坏古镇的环境和自然风貌；在道路、巷道摆摊设点的经营者，不得妨碍交通、污染环境；古镇内的单位和个人应该做好消防工作，按照要求配备相应的消防器材；核心保护区实行车辆准入制度；鼓励核心保护区内实行清洁能源；等等。各项具体的保护措施，将保护要求具体化，为古镇的保护贴上了“护身符”。①

第四节　四川历史文化名镇鉴赏

本节将重点介绍四川省内3个具有代表性的历史文化名镇，它们分别是成都洛带古镇、黄龙溪古镇和宜宾李庄古镇。

一、成都洛带古镇

（一）简介

洛带古镇今属成都市龙泉驿区，地处龙泉山脉中段，该地盛产水果，有“桃乡”之美称。龙泉驿区大部分人口是清代从各省迁移而来的，其中又以广东客家

① 李梅. 我国历史文化名镇保护的立法研究：以《云南省和顺古镇保护条例》为例[D]. 重庆：西南政法大学硕士学位论文，2014.

人、湖广人、江西人为最多。这之中又以广东客家人为最多，散布于区域内的十几个乡镇。因客家民系的独特性，这里形成了一个客家方言岛，故洛带古镇又有“天下客家第一镇”的美誉。

洛带古镇几乎位于龙泉驿区的中心，主街（原旧街镇）长1千米多，从龙泉山西麓顺坡势而下向东北蜿蜒，形成一条带子。据传说，蜀汉时期，刘蝉逐猎于龙泉山，狂奔之际，在此地掉落一条玉带，故有“落带”称且为地名，后来称“洛带”大概是耻于刘蝉，而敬洛神，这不必确诠。① 在2009年9月19日公布的第四批中国历史文化名镇名单中，洛带古镇成功入选。

（二）镇内建筑

洛带古镇内千年老街、客家民居保存完好，老街呈“一街七巷子”格局（图3-9）；街道两边商铺林立，属典型的明清建筑风格。“一街”由上街和下街组

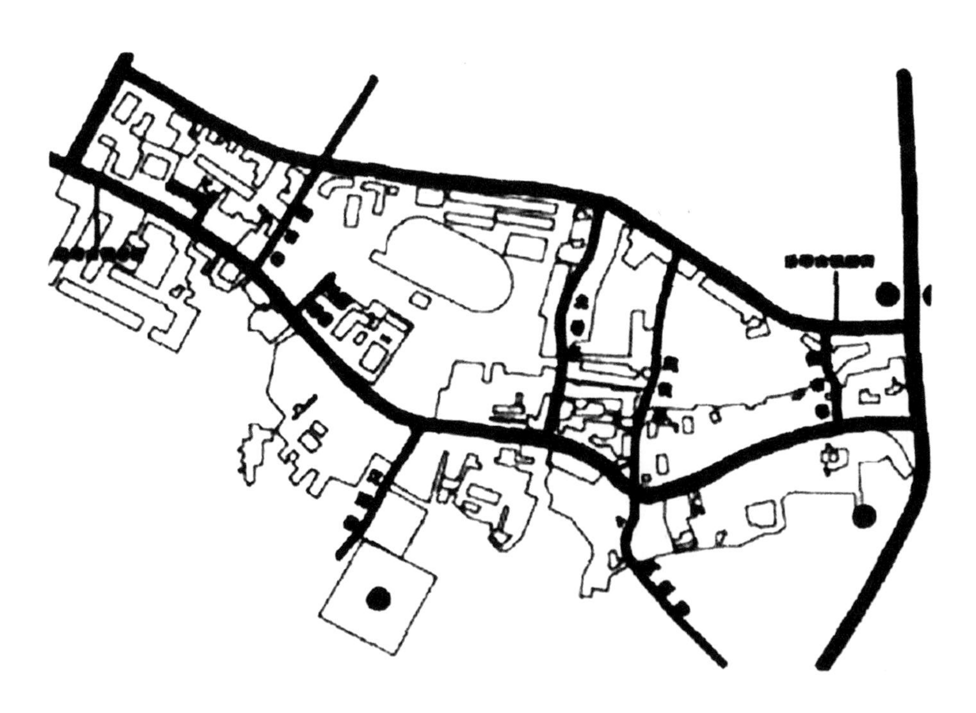

图3-9 “一街七巷子”格局图（图片来源：傅红）

① 傅红，罗谦. 剖析会馆文化 透视移民社会——从成都洛带镇会馆建筑谈起[J]. 西南民族大学学报（人文社科版）2004（04）：382-385.

成，宽约8米，长约1200米，东高西低，石板镶嵌；街衢两边纵横交错着的“七巷子”，分别为北巷子、凤仪巷、槐树巷、江西会馆巷、柴市巷、马槽堰巷和糠市巷。

1. 会馆建筑

洛带古镇有“四大会馆”：广东会馆、江西会馆、湖广会馆（图3-10）和川北会馆，均为国家级文物保护单位。其总体布局多为复四合院式，建筑呈中轴对称排列，既有中国传统会馆建筑风格，又有其地域独特性，如广东会馆的风火墙设计，使其成为洛带古镇最具标志性的建筑；江西会馆在中后殿的天井内伸出小戏台，构思独特，使环境的空间布局更趋完美，为四川客家会馆所仅见。而川北会馆则融入了川北民居风格，展现了四川本地的民居风采。[①]

图3-10　湖广会馆（作者自摄）

2. 文保建筑

洛带古镇有四川省文物保护单位两处：四川客家博物馆（图3-11）和巫氏大夫第；区级文物保护单位四处：燃灯寺、客家公园、桃花寺大殿和八角古井。[②]

图3-11　四川客家博物馆（作者自摄）

洛带古镇内的建筑类型以住宅为主，从这些住宅的平面型制来看，主要有

① 王鹏，周哲，蒋玉川，等. 天府古镇的特色景观研究——以洛带古镇为例[J]. 安徽农业科学，2011，39（20）：12395-12397.

② 罗潇. 谈洛带古镇的保护及改造和建设[J].山西建筑，2014，40（11）：12-13.

“间”和“单四合院”两种模式。“间”模式主要分布在以商业功能为主的街道两侧，因为在临街面占用空间有限的条件下，内部生活空间的扩延必须向纵深方向发展，“前店后宅”就成了洛带古镇商业街区的主要建筑形态特征。而“单四合院”模式则分布在除主要商业街区之外的街巷内，为“二堂屋”结构，门外为小晒坝，门内为天井，天井上方正中为堂屋。客家人习惯用“中花”和“鳌尖”来装饰屋脊，屋顶上多以小青瓦覆盖，门前则大多挖有荷塘。客家民居的建筑方法科学，房屋的通风和采光都很好，并且具有冬暖夏凉的效果。①

（三）古镇保护规划

1. 总体思路

近年来，当地政府坚持“保护为主，抢救第一”的方针和“长远规划、有效保护、合理利用、科学管理”的原则，以规划为龙头，科学指导洛带古镇的保护和发展工作。在2005年，当地政府委托北京大学陈可石教授编制了《洛带古镇核心区城市规划设计》，同时，委托知名专家编制《洛带古镇街区保护维修设计方案》，对古街区进行了保护性修复，并对洛带城镇规划区基础设施进行了全面整治。

2. 具体保护措施

（1）对古街区进行保护性原貌修缮工作

①对造型和格局保存完好的客家民居，坚持“修旧如旧”的原则恢复建筑原貌，如对建筑主体结构进行加固，修复脱落墙面，酌情挖补、墩接、更换损坏的木构件，充分尊重其历史原貌。又如在对地面进行整修时，原则上保留原石板地面，仅对磨损、塌陷较严重的石板进行更换，铲除原街沿水泥砂浆地面，恢复石板地面。

②对具有历史价值，但已遭到破坏或已成危房的建筑物和构筑物，按原貌复建。如下街的山门、各巷子口的栅子门、牌坊、五凤楼、七巷子栅子门、康熙移民诏石刻、广东会馆临街照壁、江西会馆临街照壁、碉楼、巫家祠堂、郑家祠、巫氏大夫第、字库塔等。

③对近期的新建建筑，凡与古镇风格不协调的，按要求进行改造，与古镇风貌统一。如：改平屋顶为斜坡小青瓦屋顶或半坡屋顶，屋面形制以歇山、硬山、

① 谢常勇，傅红. 浅析洛带古镇的空间形态[J]. 四川建筑，2009，29（05）：56-57+61.

悬山相结合等。

（2）建立古街区步行系统

在洛带古镇古街区建立步行网络系统，将古镇保护区确定为纯步行区域，除观光使用的人力三轮车外，禁止机动车和非机动车驶入，体现以人为本和功能结构的统一，给游客提供宜人且具亲和力的空间体验，自由闲适的步行空间为古镇的居民和游客提供了舒适的生活观光环境。

（3）加大古镇保护力度，拆迁与古镇不协调企业

根据历史文化街区保护的相关规定，禁止在该区域内建企业，由于近代经济社会的发展，街区内存在如农机厂、酱油厂和鞭炮厂等严重破坏古镇风貌和安全的企业，严重影响了古镇的保护和利用。当地政府列出专项资金搬迁了部分不适宜在古镇内开展生产活动的企业，这部分建设用地严格按照城镇建设规划和《洛带古镇街区保护维修方案》，修复了古街上、下广场和中街广场，让古街周围环境与街区风貌相协调。

（4）新建仿古建筑，引入文化产业项目

古镇保护并非一味保护旧建筑，不允许修建新建筑，而是要在保持古镇的传统风貌、保护传统建筑及格局的前提下，围绕一定的文化主题，进行合理规划设计。

（5）在核心保护区复建或新建仿古建筑

近年该镇复建或新建了包括以四方塔及龙文化广场、五凤楼及凤文化广场、中街广场、字库塔、甑子场、栅子门等为代表的仿古建筑，这些新建建筑构成了洛带古镇现有空间格局中重要的公共空间及景观节点，与传统的“四大会馆”成为洛带古镇的标志性建筑。

（6）在建设控制区引入多业态近现代优秀建筑

根据《洛带古镇保护规划》，洛带镇政府在古镇的建设控制区引入了多个文化产业项目，丰富了洛带古镇的形态和业态，这些新街区及新建建筑的风格和体量从高度、色彩、立面等方面都与核心区相协调，同时注重整体景观环境及植被的打造，改善核心区绿地不足的缺陷。以博客小镇、艺术粮仓、中国艺库项目为代表的近现代优秀建筑，虽不属于历史建筑，但它们也反映了一定历史时期的时代特色，同时，其文化产业的特性也为当地引入了多元化的业态。①

① 罗潇．谈洛带古镇的保护及改造和建设[J]．山西建筑，2014，40（11）：12-13.

（四）结语

洛带古镇通过保护、改造及建设，在延续古镇风貌，保护传统文化方面取得了一定成效。但洛带古镇发展至今，还是存在一定不足，未来发展还应考虑对古镇核心保护区周边开发建设的引导，并在古镇业态提档升级方面进行努力。

二、成都黄龙溪古镇

（一）简介

黄龙溪古镇，古称赤水，地处四川省成都市双流区西南，总面积50.4平方千米。[①] 该镇是古蜀王国重要的军事据点，是三国蜀汉政权的圣迹之地，是崛起于宋代的乡村商业集市，也是清初以来新兴的移民场镇、水运码头。[②]

黄龙溪古镇的种茶历史悠久，素有“茶叶之乡”的美称，茶文化底蕴深厚，古镇内茶馆随处可见（图3-12）。2007年5月31日，第三批中国历史文化名镇名

图3-12　黄龙溪古镇茶馆（魏柯摄）

① 周学军，武晓琳. 论古镇的保护与旅游开发——以四川省双流县黄龙溪古镇为例[J]. 知识经济，2008（01）：131-132.

② 陈世松. 黄龙溪古镇的历史文化脉络[J]. 成都大学学报（社会科学版），2008（01）：94-98.

单公布，黄龙溪古镇入选。

（二）镇内建筑

黄龙溪古镇的历史建筑较多，主要可分为三大类：传统民居建筑、佛教寺庙建筑以及古遗址建筑（图3-13）。

古镇民居

古镇街景

古镇入口

镇江寺

古龙寺

图3-13　黄龙溪古镇内建筑（魏柯摄）

1. 传统民居建筑

黄龙溪古镇现存传统民居建筑76套（座），这些建筑以一楼一底居多，公共空间布局紧凑（图3-14），风格清新秀丽。在总体建筑形制上，既有木结构或砖

（a）　　（b）

图3-14　黄龙溪古镇传统民居公共空间布局（图片来源：魏柯）

木结构、抬梁式或穿斗式之别；又有硬山、悬山、歇山之异；木柱或朴实无华，或镂花蟠篱，简繁不一；小木楼栏杆、窗棂，或镂刻精美，或简约大方。黄龙溪古镇的传统民居建筑多采用四合院的布局，即由“一正两厢一下房”组成“四合头”房，立面和平面布局灵活多变，并不严格要求对称。院内常有一尺见方的天井，虽然面积很小但采光效果不错，同时形成良好的通风效果。现保存较好的有杨家大院等。这些传统民居建筑曾采用“吊脚楼”形式，体现了古蜀民居“干栏”文化的特色，可惜现存者不多，且大多已翻新或重建。

2. 佛教寺庙建筑

黄龙溪古镇内原有七座寺庙建筑，后遭较大破坏，现存仅三座，即古龙寺、潮音寺和镇江寺。

3. 古遗址建筑

黄龙溪古镇内的古遗址建筑有王爷坎、三县衙门、古佛堰、明代皇坟、鸡翅拐、小河村、金华庵、皇坟村等。①

（三）古镇保护规划

当地政府十分重视对黄龙溪古镇历史文化的保护，编制有《黄龙溪风景名胜区总体规划（2014—2030）》《双流县黄龙溪历史文化名镇保护规划》等文件。其中《双流县黄龙溪历史文化名镇保护规划》划定的核心保护区范围达39600平方米，包括正街、横街、复兴街、鱼鳅巷、上河街、下河街等。该文件还制定了

① 王露茜. 郪江古镇历史文化保护与开发——基于“文脉主义”视角[D]. 成都：西南科技大学硕士学位论文，2014.

核心保护区的保护措施，例如，严格保持区内街巷的历史格局等。[①]

三、宜宾李庄古镇

（一）简介

李庄古镇是国家级历史文化名镇，位于宜宾市郊19千米处的长江南岸李庄坝，面积约67.2平方千米，古镇核心保护区约0.46平方千米（图3-15）。

李庄古镇历史悠久，春秋、战国时期即为古僰人聚居地。明代李庄始设镇，成为长江上游的重要码头和物资集散地；清道光年间，李庄迅速崛起，成为南溪县（今宜宾市南溪区）的第一大镇。1940年，在全面抗日战争的艰难岁月中，为躲避战乱，国立同济大学等教育、科研机构，从昆明迁至李庄古镇，直至抗日战争胜利后才陆续迁回。[②]

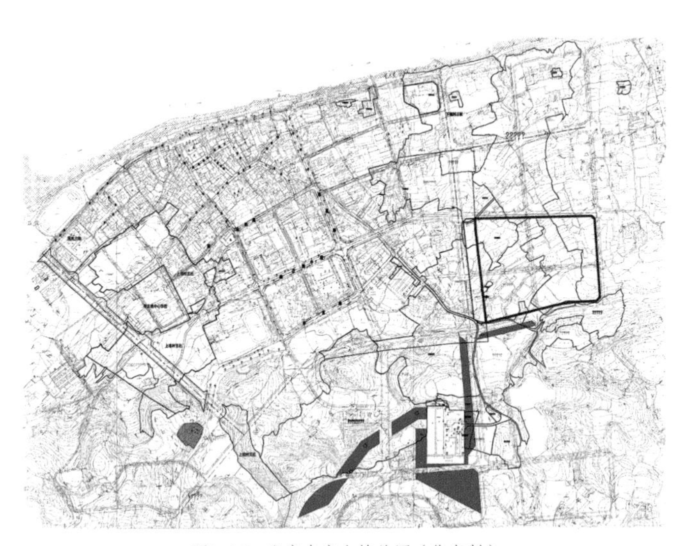

图3-15　宜宾李庄古镇总图（作者制）

（二）镇内建筑

李庄古镇较为完整地保存了明、清古镇的格局和风貌，镇上的石板街道两旁多为清代建筑，风火山墙高耸，雕花门窗古色古香；镇边的临江码头，有石板阶梯层层叠叠，蜿蜒而上，具有浓厚的川南特色（图3-16）。

① 此部分内容，详见《双流县黄龙溪历史文化名镇保护规划》。

② 王庆跃. 中国抗战时期的文化中心——李庄[J]. 四川党的建设（城市版），2006（09）：57-59.

图3-16　李庄古镇街巷空间（作者自摄）

李庄古镇古迹众多，人文荟萃，旋螺殿、魁星阁、百鹤窗与九龙碑被称为古镇四绝。现存较为完好的有明代的慧光寺、东岳庙、旋螺殿，清代的禹王宫、南华宫、天上宫、祖师殿、刘胡民居、肖家院民居、张家祠堂、罗家祠堂等。[①] 这些古迹规模宏大，布局严谨，木雕石刻做工精细、形象生动，有较高的艺术欣赏价值。

1. **禹王宫**

禹王宫现名慧光寺，是李庄古镇现存规模最大的清代建筑。禹王宫建于清道光十一年（1831），坐南朝北，由一主一次两个四合院构成。主院有山门、戏楼、正殿、后殿、魁星阁及厢房等建筑，其山门、戏楼均为重檐歇山式顶，檐下装饰如意斗拱。寺内的戏台，是四川保存得较为完整的古戏台之一，戏台台基上有古代戏剧故事浮雕。[②]

2. **旋螺殿**

旋螺殿又名文昌宫，位于李庄镇北2.5千米外的石牛山上。该殿建于明万历二十四年（1596），通高25米，呈八角形，进深、面阔均为8米。外为三重檐，内实二层，青色筒瓦，塑八条垂脊，垂脊上各置垂兽和走兽。屋面坡度平缓，风格独特，造型奇丽。其内部结构巧妙地运用力学原理，颇具匠心。

1958年8月16日，旋螺殿被四川省人民政府公布为重点文物保护单位。2006年5月25日，被国务院批准为全国重点文物保护单位。

① 左照环. 万里长江第一古镇——李庄[J]. 小城镇建设，2006（09）：44-46.
② 嘉懿. 行走古韵宜宾　邂逅遗世李庄[J]. 华北国土资源，2014（04）：32-33.

3. 刘胡民居

李庄古镇内传统民居建筑保存较多（图3-17），其中比较有代表性的是刘胡民居（图3-18）。该传统民居建筑由胡家院子和刘家院子构成，建于清代中晚期，为砖木混合式结构。其围墙采用青灰色的空斗砖砌筑，墙脚用条石砌筑，转角处使用石柱。民居为穿斗式结构，采用疏檩做法。

图3-17　李庄古镇民居院落（作者自摄）

图3-18　刘胡民居（作者自摄）

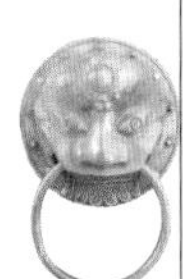

其屋顶为中间高，两边低，后部高，前部低的形态。刘胡民居的正房屋顶都是悬山式。屋面做成略微内凹的平滑曲线，侧面轮廓流畅，既方便排雨，又利于采光。

胡家院子为四合院式布局，平面大致呈方形。胡家院子的正房共五间，左右两厢各三间，门厅五间，庭院呈扁方形。朝门位于倒座次间。

刘家院子为同四合院式布局，平面为长方形，“窄面阔，宽进身”。正房三间，为传统的“一明两暗”式，左右厢房各三间，倒座为三间，庭院呈长方形。朝门居中布置。①

3. 张家祠堂

张家祠堂位于西滨江街（以前称上河街），占地近4000平方米。是清道光十九年（1840）时，由张师德为首的张氏族人集资660两银子，从族人张旌祖、张闾祖手中购得的大宅，为表达张氏子孙爱敬祖先之心和解决本族内一些大事的宗祠之用。主祠以合院式木结构为主（图3-19），上为正祠，下为厅房。抗日战

图3-19 张家祠堂主祠（作者自摄）

① 王瑞韬. 浅析川南传统民居构造特点[J]. 城市建设理论研究（电子版），2015（30）：2140.

争时期，中央博物院以及所属上千箱国家级珍贵文物迁到张家祠堂，并在此停留5、6年之久。现在这里被修葺后作为李庄抗战文化陈列馆开放给游客参观，主要陈列抗日战争时期的书籍、照片、文章等。

张家祠堂北临长江，隔江相望桂伦山，东西两向与东岳庙、慧光寺相邻。为顺应李庄古镇格局，张家祠堂的坐向是坐南朝北。对此，朱熹在《家礼》卷一《通理祠堂》中有言：“凡屋之制，不问何相背，但以前为南，后为北，左为东，右为西。”由此可见，决定祠堂坐向的是祠堂的具体位置和环境，而无论何种朝向，均是坐北朝南。因此张家祠堂为了背靠山丘面临江，而选择这样的朝向也就不足为奇了。

张家祠堂整体沿北南方向依次由入口、空坝、主祠三部分构成，沿中轴线对称，只有大门稍微偏离轴线，位于西北垣墙上。现存空坝东西两侧的建筑为后来加建，整体风格与原建筑较统一。主祠东俱有一庭院，庭院内古树林立，为营造内部环境气氛。改善小气候发挥了作用。由于适应地形的高差变化以及祭祀礼仪的需要，张家祠堂建筑各部分依次布置在不同标高的台面上，以台阶相连。主祠中的正祠部分作为整个建筑中宗族精神依托的中心，为显示祖先的至高地位，位于全祠堂建筑的最高位置。这种依轴线层层递进的手法，使正祠得到突出，使祖堂具有“镇中”居高临下的威严感，并且符合“正房为主、厢房为次、倒座为宾”的礼制观念。

张家祠堂厅堂部分的立面十分富有特色。厅房北立面除明间外每间有6扇窗，共计24扇窗，每扇窗都以上等楠木制成，上面精心雕刻两只神态各异，栩栩如生的仙鹤，四周辅以祥云图案。尽间窗上融刻有卷草龙纹，次间上雕刻的是卷草凤纹，窗的横框部分还刻有龙、麒麟、骏马、鹿、喜鹊、蝙蝠等具有吉祥含义的兽类，为整个建筑赋予文化含义。①

（三）古镇保护规划

1. 李庄古镇面临的问题

（1）文化底蕴流失，古朴民风遭到侵蚀

李庄古镇处于城乡接合部，城乡文化在这里发生着最为激烈的碰撞，古镇快速的城市化，是城市生活的价值观念、城市文化对乡土文化的严重冲击，李庄古

① 杜海辰，傅红，李沄璋，曹毅. 川南明珠——宜宾李庄张家祠堂建筑空间浅析[J]. 建筑与文化，2014（08）：190-193.

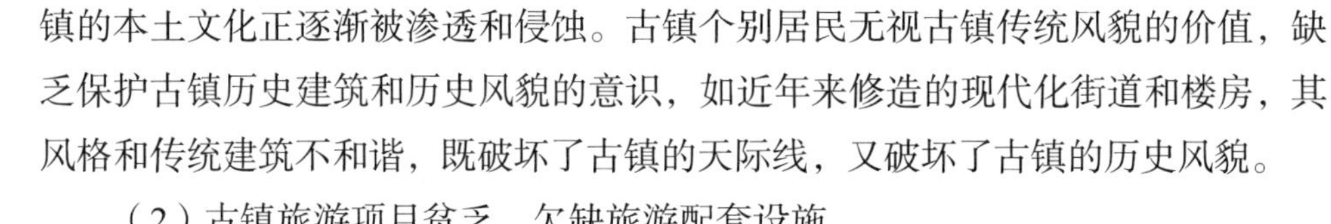
镇的本土文化正逐渐被渗透和侵蚀。古镇个别居民无视古镇传统风貌的价值，缺乏保护古镇历史建筑和历史风貌的意识，如近年来修造的现代化街道和楼房，其风格和传统建筑不和谐，既破坏了古镇的天际线，又破坏了古镇的历史风貌。

（2）古镇旅游项目贫乏，欠缺旅游配套设施

李庄古镇旅游项目主要有三项：游古街，赏传统建筑；品古镇的特色美食；购古镇的特色商品。游客仅花半天的时间就能把古镇逛完，单调的旅游项目留不住游客，造成古镇的经济收益较低。此外，古镇的旅游配套设施不足，如停车位、公共厕所等。

2. 李庄古镇保护与利用的对策

（1）保护传统建筑

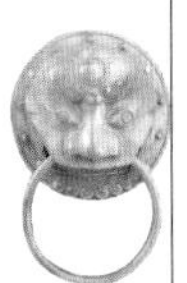

李庄的部分传统建筑在商业开发过程中，被辟为茶楼或餐馆，不利于对传统建筑的保护。传统建筑应该作为文化的标志符号进行保留，在开发中可以改造成博物馆、民俗图书馆等，使其成为古镇的文化展览中心。同时，应对较为破旧的传统建筑进行保护和定期修缮。

（2）保护古镇周边的自然环境

古镇的风光离不开美丽乡村的衬托，优美的自然环境能赋予古镇更多的灵气，因此在古镇开发过程中，应加强对周边自然环境的保护，同时重视恢复古镇道路周边的植被，保证古镇居民原生态的生活不被破坏和干扰。让古镇在优美田园风光的衬托下更具文化魅力，以此吸引游客。

（3）保护古镇的文化

李庄古镇文化内涵丰富，故相关部门在对古镇的开发过程中要充分体现其文化特色。首先是要对建筑文化、抗战文化、宗教文化与饮食文化这四种代表性文化进行认真的发掘与整理，知晓各种文化的内涵、特色和发展历程。例如挖掘李庄的建筑文化，就要让人们知道李庄共有多少传统建筑，其年代及特点，等等。古镇文化的发扬有助于彰显李庄的特色，避免千篇一律的旅游规划。

此外，古镇的居民空心化和过度商业化将对古镇造成极大的破坏，对古镇的保护和古镇旅游的开发都将产生不利影响。古镇的当地居民是延续其民俗文化的生命元素，是让古镇真正焕发生机与活力的基因，因此在古镇的开发和保护中应注重保留其原生态的民俗文化，同时在古镇内部也不能开发出大片的商业街、饮食街和娱乐设施等与古镇文化不相符的现代商业，保护当地居民的生活方式不受到外界的干扰和破坏。

（4）丰富旅游项目

李庄古镇离城市较近，可发展休闲度假型古镇旅游，增加古镇的旅游项目，如依托农家乐发展观光农业体验游、利用滨水带良好的景观环境发展滨水体验游等。

（5）加大宣传营销的力度，努力提高李庄古镇的知名度

李庄古镇的开发，除了要充分重视其文化价值的挖掘外，还应实施积极的营销战略，加大宣传营销的力度，树立特色鲜明的李庄古镇旅游主体形象，提出恰当的旅游宣传口号，尝试多种营销方式，借助媒体和旅游纪念品等宣传手段，提高古镇旅游的知名度。①

第五节 小 结

通过本章的学习，我们应该知道，历史文化名镇的保护政策不应只以保护为目的，还应考虑对现存资源的有效利用和合理开发，考虑如何促进传统建筑与新的城市功能融合共生，让传统建筑焕发新生，并积极发展休闲旅游与商业服务等第三产业，通过适量地培育旅游景点、引入多层次的旅游活动，促进休闲商业的繁荣，使物质环境建设与弘扬人文精神相呼应。

课后思考

1. 历史文化名镇的保护有何现实意义？
2. 请结合实例，从多角度阐释你对历史文化名镇改造的理解。
3. 试比较中国历史文化名镇保护规划的方法与内容。
4. 试总结中国历史文化名镇保护规划的特点与经验。

① 曹春梅，陈范华，常智敏. 李庄古镇的文化价值与旅游开发探究[J]. 宜宾学院学报，2009，9（11）：31-34.

第四章

传统村落保护与鉴赏

第一节　传统村落概述

“古村落”是指那些在民国以前建村，建筑环境、建筑风貌、村落选址未有大的变动，具有独特民俗民风，虽年代久远，但至今仍为人们服务的村落。2011年，住房和城乡建设部、文化部、国家文物局和财政部在征求了广大专家、学者的意见后，将判断传统村落的重点放在其文化内涵的独特性和地域特色方面，将“古村落”的概念延展为“传统村落”，并明确提出：“传统村落是指村落形成较早，拥有较丰富的传统资源，具有一定历史、文化、科学、艺术、社会、经济价值，应予以保护的村落。”这一界定是相关部门组织开展传统村落调查、遴选、评价、界定和制定保护发展措施的基本依据，是一个全新的概念。[①] 传统村落的文化内涵主要体现在现存传统建筑风貌完整、村落选址和格局保持传统特色和非物质文化遗产活态传承等方面。

传统村落的概念由历史文化名镇（村）衍生而来，历史文化名镇（村）的提法是我国独有的，国外一般称为历史小城镇、古村落，并将其列为历史地区的一部分。中国历史文化名镇（村），是由住房和城乡建设部和国家文物局从2003年起共同组织评选的，保存文物特别丰富且具有重大历史价值或纪念意义的、能较完整地反映一些历史时期传统风貌和地方民族特色的镇和村。[②] 截至2023年，历史文化名镇（村）共评选了7批，入选名单中的各村镇代表了中国传统村落的精髓，是传统村落保护的典范。

从20世纪70年代开始，国际古迹遗址理事会（ICOMOS）就陆续制定了《关于保护历史小城镇的决议》《关于乡土建筑遗产的宪章》等一系列有关历史小城镇、古村落保护的国际文献，一些国家如美国、法国、英国和日本等，也纷纷开展了卓有成效的保护工作。纵观国外对历史小城镇、古村落的保护案例，值得借鉴的成功经验主要有以下一些：一是注重历史小城镇、古村落与自然环境的和谐度，提出采取各种有效措施来保护传统街巷、历史建筑及文物古

① 孙九霞. 传统村落：理论内涵与发展路径[J]. 旅游学刊，2017（01）：1-3.
② 孙志国，王树婷，黄莉敏，等. 重庆物质文化遗产资源保护[J]. 重庆与世界（学术版），2012，29（07）：1-4.

迹所根植的自然生态环境，并防止水、大气和噪声等环境污染，以及电线、广告、路标等导致的视觉污染。二是倡导多学科的保护，组织包括建筑保护、城镇规划以及历史学、艺术学、社会学、经济学、生态学等领域在内的学者建立专家组，牵头拟定保护规划和相关政策文件。三是比较尊重当地居民的权利、习惯和愿望，对涉及公共需求的保护目标做出积极响应；积极培养当地居民生活在历史小城镇、古村落中的自豪感，引导他们自觉将保护历史小城镇、古村落作为其义不容辞的责任。

我国历史文化名镇（村）的保护始于20世纪80年代。1986年，国务院在公布第二批国家级历史文化名城时，首次提出“对文物古迹比较集中，或能较完整地体现出某一历史时期传统风貌和民族地方特色的街区、建筑群、小镇、村落等予以保护”，拉开了我国历史文化名镇（村）保护的序幕。随后，不少省份陆续开展了历史文化名镇（村）的命名和保护工作，一些历史文化名镇（村）内保存较为完整的传统民居建筑群，相继被列入全国重点文保单位加以保护。21世纪以来，随着皖南古村落申报世界文化遗产的成功，2002年《中华人民共和国文物保护法》关于“历史文化村镇”保护的明确规定以及2003年中国首批历史文化名镇（村）保护制度的正式建立，2007年和2008年，开平碉楼与福建土楼先后被列入世界文化遗产名录。另外，还有很多古村落被列入世界文化遗产预备名录，如山陕古民居（包括丁村古建筑群、党家村古建筑群）、江南水乡古镇（包括甪直、周庄、千灯、锦溪、沙溪、同里、乌镇、西塘、南浔、新市）、苗族村寨、侗族村寨、藏羌碉楼与村寨等。[①]

截至2024年4月，中国传统村落名录已经公布六批，总数量达到8155个。就风貌特征而言，这些传统村落较为原真、完整地反映了我国传统农业社会的面貌，是我国灿烂悠久的农耕文明的“代言人”。我们可以说，中国传统村落的保护、发展是一项开创性的工作，具有较大的历史意义和现实意义。

① 赵勇等. 我国历史文化名城名镇名村保护的回顾和展望[J]. 建筑学报，2012（06）：12-17.

第二节　中国传统村落保护

传统村落不是过去时，而是人们生产生活的基础，需要进行保护和探究。建筑学专业对传统村落的研究起源于传统民居研究，其核心是对建筑要素与人居环境进行深入分析。

20世纪30年代以来，我国关于传统村落保护的法律法规已日渐趋于完善，其发展历程大致如下。（见表4-1）

表4-1　我国传统村落保护的法律法规发展历程

时　间	国家法律	政府法规	部门规章	保护实践
1930	《古物保存法》			
1931		《古物保存法细则》		
1932		《中央古物保管委员会组织条例》		成立“中央古物保管委员会”
1948				梁思成编写《全国重要文物建筑简目》
1950		《古文化遗址及古墓葬之调查发掘暂行办法》		
1956		《关于在农业生产建设中保护文物的通知》		
1958	《中华人民共和国宪法》中“国家保护名胜古迹，珍贵文物和其他重要历史文化遗产”的相关条款			
1960		《文物保护管理暂行条例》		

续 表

时 间	国家法律	政府法规	部门规章	保护实践
1961		《关于进一步加强文物保护和管理工作的指示》		公布首批全国重点文物保护单位180处
1963			《文物保护单位管理暂行办法》	
1974		《加强文物保护工作的通知》		
1982	《中华人民共和国文物保护法》	《关于保护我国历史文化名城的指示》		公布首批国家级历史文化名城24个；公布第二批全国重点文物保护单位62处
1983			《关于加强历史文化名城规划的通告》	
1984		《城市规划条例》		成立“历史文化名城保护学术委员会”
1985				成为《保护世界文化和自然遗产公约》缔约国
1986				公布第二批国家级历史文化名城38个
1988				公布第三批全国重点文物保护单位258处
1989	《城市规划法》			
1994			《历史文化名城保护规划编制要求》	公布第三批国家级历史文化名城37个
1996				公布第四批全国重点文物保护单位250处
1997			《黄山市屯溪老街的保护管理办法》	
2000			《中国文物古迹保护准则》	
2001				公布第五批全国重点文物保护单位518处

续 表

时间	国家法律	政府法规	部门规章	保护实践
2002	修订后的《文物保护法》			
2003				公布第一批中国历史文化名镇名村名录
2005			《历史文化名城保护规划标准》	公布第二批中国历史文化名镇名村名录
2007				公布第三批中国历史文化名镇名村名录
2008		《历史文化名城名镇名村保护条例》		公布第四批中国历史文化名镇名村名录
2010				公布第五批中国历史文化名镇名村名录
2012			《关于开展传统村落调查的通知》（建村〔2012〕58 号）、《传统村落评价认定指标体系（试行）》、《关于加强传统村落保护发展工作的指导意见》	公布第一批中国传统村落名录
2013			《关于做好 2013 年中国传统村落保护发展工作的通知》《传统村落保护发展规划编制基本要求（试行）》	公布第二批中国传统村落名录
2014			《关于切实加强中国传统村落保护的指导意见》（建村 [2014]61 号）、《关于做好中国传统村落保护项目实施工作的意见》	公布第三批中国传统村落名录
2016				公布第四批中国传统村落名录
2019				公布第五批中国传统村落名录

续 表

时 间	国家法律	政府法规	部门规章	保护实践
2023				公布第六批中国传统村落名录

第三节 中国传统村落鉴赏

基于传统村落的地域性特点，本书在参考大量资料的基础上，在全国范围内选取了较为典型且保护较为完善的11个传统村落，以供读者参考鉴赏。这11个传统村落，分布于我国的不同地区，拥有不同的地域风情（见表4–2）。

表4–2 9个传统村落的基本情况

序 号	名 称	地理区位	特 点
1	西递、宏村	安徽黟县	该村历史建筑保存完好，整治得当，并于2000年以“皖南古村镇”的名义被列为世界文化遗产名录，成为徽州传统村落的典型代表
2	新叶村	浙江兰溪	该村现存的历史建筑反映了封建社会江南农村的文风文运，以及先民所寄托的耕读理想
3	流坑村	江西乐安	该村注重风水格局，以天马山北端的荷公山为少祖山，以北面的雪峰山为朝山
4	培田村	福建连城	该村民居和宗祠建筑的装修十分别致，体现了先民美好的愿景和情趣。装饰素材广泛灵活，内涵深厚，而且技艺十分精巧，颇具地域特色
5	阿勒屯村	新疆哈密	哈密地处新疆维吾尔族自治区最东端，在历史上与中原地区交往密切，与汉文化接触较多，建筑风格也受到汉文化的影响。阿勒屯村的历史建筑既具有自身鲜明的特色，又兼具多种风格，堪称民间建筑的艺术博览园

续 表

序 号	名 称	地理区位	特 点
6	保平村	海南崖州	该村民居深受中原文化和儒释道文化的影响，呈合院式布局。合院式布局是我国分布最广泛的建筑布局，以汉文化为背景的地区大多采用这种布局形式
7	灵水村	北京门头沟区	该村四合院式乡土建筑具有北京传统四合院的基本特征，即对称式平面与封闭式外观。受地形的限制，该村四合院多强调依山就势，因地制宜。其建筑以一、二进院居多，基本包含了城市四合院的基本要素，即正房（耳房）、东西厢房、倒坐房、门楼、影壁
8	南江村	贵州黎平	该村民居是典型的侗族建筑，尤其是侗寨的代表建筑——鼓楼，尤具代表性和标志性
9	美岱召村	内蒙古土默特右旗	该村的选址十分考究，北依大青山，南邻黄河水，盘踞土默川，符合我国传统村落选址中“枕山、环水、面屏”的法则
10	郭峪村	山西阳城	该村的建筑布局十分具有特色，村落被置于山水之间，寺庙、亭塔相间，不但丰富了景观，而且赋予了山川浓郁的人文气息，从而把村落和自然融为一体
11	诺邓村	云南大理	该村深受汉文化影响，其建筑在布局上呈中轴对称状，中间为堂屋，两侧为卧室。该村几乎每个合院都设有堂屋，有的甚至不止一个。

注：根据案例资料整理

一、西递、宏村

（一）简介及布局特点

1. 简介

西递、宏村于2000年作为皖南古村落的组成部分被列入世界文化遗产名录。

西递位于安徽黟县，始建于明，繁荣于清，是我国目前保存得相对完好的传统村落之一，被中外建筑学家誉为“明清民居博物馆”。这里曾涌现过许多历史名人，据史料记载，明清以来，西递村在外做官的有数百人，富商更是不计其数。这些发迹的官僚和商贾们为光耀门庭而回乡大量修建祠堂、宅院，最终使得西递村成为一个拥有600座宅院、两条主街、99条小巷的繁华村落，其中至今保存完好的传统建筑还有120多幢。①

宏村，古称弘村，位于安徽黟县，北靠雷岗山，西傍三邑溪及养栈河，历来为汪姓族人聚居之所。始建于南宋年间，其选址、布局及建筑形态，皆以风水理论为指导。

2. 布局特点

（1）西递村

西递村四面环山，有三条溪流穿村而过。随着人口的繁衍，西递村由沿溪带状布局逐渐发展成跨三溪的船形布局。村落以一条纵向的街道和两条沿溪的道路为主要骨架，构成东向为主、向南北延伸的村落街巷系统。所有街巷均以青石铺地，传统建筑多为木结构、砖墙维护，木雕、石雕、砖雕丰富多彩，巷道和建筑的设计布局协调。②

（2）宏村

宏村面积约19平方千米，村落山环水抱，是典型“枕山、环水、面屏”布局（图4-1）。宏村拥有别出心裁的人工水系设计，通过人造水渠从虞山引来溪水，注入村内的人造池塘，灌溉农田后又重新汇入虞山溪。

图4-1　宏村整体布局（郑颖摄）

宏村先民在进行村落建设时，巧妙地从点、线、面的角度将水体形态进行划分，将河道、水口、水圳、月沼、南湖及水院鱼池看作一个完整的体系③。宏村

① 邢益鸣. 安徽黟县西递宏村风水格局与水文景观探析[D]. 上海：上海交通大学硕士学位论文，2014.

② 世界文化遗产——皖南古村落[EB/OL].（2006-03-29）[2024-02-27]. http://www.gov.cn.

③ 邢益鸣. 安徽黟县西递宏村风水格局与水文景观探析[D]. 上海：上海交通大学硕士学位论文，2014.

水口距河流弯道约30米，这样既巧妙地应用了弯道的水势，又合理地避免了上游来水的直冲，暴发洪水时堤岸就不会受到损坏。宏村水圳的设计也十分讲究，弯曲的水圳对用水范围进行了有效控制，使得大多数住户离水源都在60米之内，距离水圳最远的住宅也不过100米。月沼处于各分支水系的汇流地段，这样的设置具有亲水及防火的作用。南湖则主要用来养鱼，其排出的水被用于灌溉农田。与西递村不同，宏村的水体景观效果更为突出，经过村落的所有水系均清澈见底，鱼虾繁多。村落在最初的设计中，就运用了地理坡度优势，背山面水，后高前低，水流由进水口经过水圳调节水量后流入南湖，但水圳有时又比南湖水平面略低，这样就保证了水圳常年有水供村民饮取。南湖除了有景观的效用外，还可以调节村落小气候，起到夏季降温和灌溉农田的作用，完美地利用了现有的水体环境（图4–2）。①

图4–2　宏村街巷空间（郑颖摄）

（二）村内建筑

1. 胡文光牌楼

胡文光牌楼建于明万历六年（1578），俗称“西递牌楼”，位于西递镇西递村口处，为三间四柱五楼建筑格式，是朝廷为表彰胡文光政绩卓著而恩赐其在自己家乡竖建。牌楼高12.30米、宽9.95米，用黟县青石建造，根主柱下有长方形石墩，两端石柱皆用抱鼓石装饰，中间两根前后雕有两对倒匍石狮，为枋柱支脚，造型逼真。胡文光牌楼为镂空浮雕，工艺精湛，神采各异，主要雕刻有“麒麟嬉

① 邢益鸣. 安徽黟县西递宏村风水格局与水文景观探析[D]. 上海：上海交通大学硕士学位论文，2014.

逐图”、“鹿鹤同春图”、“虎豹呈威图”、“五狮戏珠图”、文臣武将、“八仙”等图案，牌楼脊头三对鳌鱼触须晕动，造型别致美观。牌楼东西面匾额分别刻有“荆藩首相”和“胶州刺史”八个大字。

2. 追慕堂

追慕堂建于清乾隆五十八年（1794），为明经胡氏廿四世祖胡贯三，追思慕念祖父丙培公、父亲应海公一生，崇文尚义，乐善好施而建。追慕堂屋顶为飞檐翘角，八字形大门楼，檐下三元门外设有木栏，八字墙用整块打磨光滑的黟县大理石制成，堂内有李世明的功臣画像和供奉着李世明塑像。

3. 月沼

月沼，又称月塘，位于宏村中心位置，建于明永乐年间。当时宏村人汪思齐三次聘请风水先生何可达，并族内高辈能人，“遍阅山川，详审脉络”，制订扩大宏村基址及村落全面规划牛形水系蓝图，引西溪水绕村屋，其牛肠水圳九曲十弯，又把水引入村中心天然井泉处建月沼池塘，以蓄条内阳水，供防火、饮用等。后经再次凿圳、挖掘成半月形池塘，形成了“月沼”。

4. 承志堂

承志堂位于宏村上水圳中段，是清末大盐商汪定贵的住宅，建于清咸丰五年（1855）。整栋建筑为木结构，内部砖、石、木雕装饰富丽堂皇，总占地面积约2100平方米，建筑面积3000余平方米，是一幢保存完整的大型民居建筑。全宅有大小房间60间，围绕着9个天井分别布置，分内院、外院、前堂、后堂、东厢、西厢、书房厅、鱼塘厅、厨房、马厩等。内有池塘、水井，用水不出屋。①

二、新叶村

（一）简介及布局特点

1. 简介

新叶村位于浙江省建德市大慈岩镇东北部，始建于南宋嘉定元年（1208），时称“白下里叶”，于2012年被列入第一批中国传统村落名录。新叶昆剧是该村落著名的非物质文化遗产。

① 详见中国传统村落博物馆官网，https://main.dmctv.com.cn/villages/34102310301/History.html.

2. 布局特点

新叶村的整个建筑群落以五行九宫为布局，包含着天人合一的哲学思想。该村落以道峰山为朝山，以玉华山为祖山，整体朝向北方。村里的街巷有上百条之多，这些街巷，宽的近3米，窄的只有80厘米。两侧房子高而封闭，巷子窄而幽深。高大封闭的白粉墙，将一户户人家包围在一个窄小的天井院中，纵横交错的街巷将户与户、房子与房子连成一个有机、有序的整体，构成一幅体现东方神秘文化的立体图像。

（二）村内建筑

1. 抟云塔

抟云塔又名文峰塔，位于新叶村东南方的地势低洼处。它始建于明代隆庆元年（1567），落成于明万历二年（1574）。

2. 文昌阁

文昌阁建于清同治年间，是抟云塔的配套建筑，其目的是祈求文运。文昌阁依塔而建，为二重檐歇山顶式砖木结构，供奉文昌帝与文曲星。阁楼飞檐翘角上端饰以鳌鱼，顶盖屋脊两侧缀以双龙，龙升图腾与独占鳌头之深蕴不言自明。文昌阁大门上，手写的对联遒劲有力：“草堂关野意，甲族善书香。”阁内挂有孔子画像，梅、兰、竹、菊四君子装点着四壁，一派书院格局，颇有规模和气势。

三、流坑村

（一）简介及布局特点

1. 简介

流坑村位于江西省抚州市乐安县牛田镇，于2012年12月入选中国第一批传统村落名录。乐安县位于浅山丘陵区，周围山脉纵横，形成许多小盆地，村落大多分布在盆地里。这种地形易生雾气，紫云覆盖是常见的现象。当地人把小盆地称为“坑”，因此，该县有十几个村落以“坑”为命名，如流坑、上坑、麻坑、潭水坑，等等。

2. 布局特点

流坑盆地，东邻东华山；南接天马山；北面稍远处是雪峰山，近处有北岭和西山对峙；西有香炉峰和鹰嘴岭。流坑村的主体依附在乌江西岸的高地上。

（二）村内建筑

流坑村的大部分住宅都由主体建筑与附属建筑组成，其中主体建筑主要功能为居住和祭祖，所以拥有严格的规格制度。其平面布局大多为单进前后堂。前堂是住宅的正堂，为礼仪性空间，因此装饰较为华丽，空间宽敞，后堂则作为前堂的陪衬；通常只作为家庭内部活动空间来使用，装饰较简单。此外，后堂由于进深小，使用起来不方便，人们便将后檐出挑加长，使原本不大的后大井只剩下一道窄缝。后槽口的高度也比前檐口低了很多。这种加长后檐的做法称为“拖步”，这在流坑村的住宅中十分普遍。

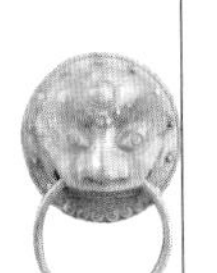

四、培田村

（一）简介及布局特点

1. 简介

培田村于2012年12月被列入第一批中国传统村落名录。该村落位于福建省龙岩市连城县，由冠豸山、笔架山、武夷山余脉环抱。该村落为中国现存较完整的明清时期客家传统民居建筑群，被誉为“客家庄园”“民间故宫”。

2. 布局特点

清代末年，培田村“三横五纵”的街巷网状格局已经形成。所谓“三横”是指与村内水圳大致平行的南北走向的三条道路，它是与居住区同时形成的。而“五纵”指的是村中东西走向的五条巷子。

（二）村内建筑

培田村现存的建筑以住宅为主，类型多种多样，如四点金、两进式、围龙屋、九厅十八井等。但是由于培田村地形复杂，街巷纵横，只有主体建筑按照这种形制进行了布局，附属建筑在建设时则多顺应地形，形态多样。灵活的建筑布局使得整个村子的景观错落有致，别具一格。

培田村的主要建筑，从大木构架到小木门窗，从门楼样式到铺地图案，装饰风格都十分别致，充分体现了建筑主人的意愿和情趣。培田村传统建筑的装饰题材以动物、植物、器物、几何纹样及戏曲场面为主，广泛灵活，内涵深厚，而且制造技艺十分精巧，颇具地域特色。有些建筑还饰以彩绘，显得气派不凡。

五、阿勒屯村

（一）简介及布局特点

1. 简介

阿勒屯村于2012年12月被列入第一批中国传统村落名录。该村落位于新疆维吾尔族自治区哈密市回城乡西郊，是维吾尔族、回族等少数民族聚居区。该村落保留着九代哈密回王的墓地、回王府等，建城历史已逾千年。该村建筑风格既带有少数民族特色，又吸收了中原汉文化的雕梁画栋，是不可多得的古代民族文化遗产。

2. 布局特点

阿勒屯村在整体上呈现出“古城、古村、古寺、古树”的风貌特色。古城即原哈密回城，包括回王陵墓葬群、回王府（仿建）、回城城墙片段等历史遗迹。古村为维吾尔族的传统村落。古寺由大小各异的20座清真寺（包括艾提卡清真寺、大主玛寺等）和两座经文学堂组成。古树指街巷和院落内的各种古树名木（树龄60～400年不等）及防护林。

（二）村内建筑

1. 历史建筑

阿勒屯村的历史建筑因特殊的地理位置而受到了多元文化的影响，从而形成了自己独特的风格。维吾尔族的祖先最开始在草原上过着游牧生活，其后随着生产力的发展而定居于天山南北的绿洲，形成了农耕文化，同时在宗教信仰上又融合了伊斯兰文化。哈密地处新疆最东端，与汉文化接触较多，所以哈密的建筑风格也受到了汉文化的影响。总之，阿勒屯村的历史建筑既具有鲜明的自身特色，又兼具多种风格，堪称民间建筑艺术的博览园。[①]

① 蒲茂林. 阿勒屯历史文化名村保护与发展规划研究[D]. 西安：西安建筑科技大学硕士学位论文，2012.

2. 民居建筑

阿勒屯村的民居多为一至二层的土木或砖木结构建筑，其建筑总面积约142200万平方米，其中土木结构房屋的面积约占总建筑面积的五分之四，砖木结构的房屋（改革开放后修建）面积约占总建筑面积的五分之一。

阿勒屯村拥有独特的“米玛哈那式”民居，该民居由米玛哈那（客房）、代立兹（前室）和阿西哈拉（厨房、餐厅兼冬卧室）组成，呈一明两暗的形式。米玛哈那呈横向布局，面阔三开间，宽约9米，进深5至7米，内院面设三樘平开窗，窗台低矮，窗向内呈喇叭形，室内三面墙设壁龛储物，天棚为木雕刻梁，墙上部和窗间墙的石膏花等装饰十分精美。地面满铺地毯，窗户挂两三层不同质地的窗帘，它既用于待客，又兼主卧室，故称客房。代立兹设于中部，是进入米玛哈那、阿西哈拉的过渡空间，它开间较小，一般宽2.7米，进深与米玛哈那相同。室内分前后两部分，前半部为门斗，起着防风沙、保暖隔热的作用。后半部一分为二，一半面向客房，是沐浴室；另一半面向餐室，是库房。[①]

六、保平村

（一）简介及布局特点

1. 简介

保平村于2012年12月被列入第一批中国传统村落名录。该村落位于海南省三亚市崖城镇，东靠崖州古城、西邻崖州湾，距三亚市区约75千米。233国道从村域中部穿过，交通十分便利。保平村现存明、清传统民居建筑群是海南省目前规模较大、保存较完整的传统民居建筑群之一。

2. 布局特点

保平村的地形多变，中间凸起，外面凹陷，加之居民以移民为主，对村落布局未进行统一设计，该村落建筑多依地形而建，成了灵活多变的村落布局。

（二）村内建筑

保平村建筑总体呈合院式布局，且多为三合、四合。合院式布局以庭院为中

① 蒲茂林. 阿勒屯历史文化名村保护与发展规划研究[D]. 西安：西安建筑科技大学硕士学位论文，2012.

心，庭院由各幢房屋围合而成，面积较大，主要承担集散与公共活动的功能。整个院落布局中轴对称，中轴的顶端是照壁，末尾是堂屋。

七、灵水村

（一）简介及布局特点

1. 简介

灵水村于2013年8月被列入第二批中国传统村落名录。该村落现为北京市西部门头沟区斋堂镇辖村，地处京西海拔430米左右的低山山谷地带。灵水村以抓鬏山为前部屏障，背靠莲花山，南为西桃山，北为北桃山。

2. 布局特点

灵水村依山而建，村落整体呈现出定“四神砂”而立玄武的布局形态，构成“天人合一”的自然格局。灵水村现存传统民居建筑多为明清时期所建，原貌保存较好，堪称典范。

（二）村内建筑

1. “灵水八景”

灵水村享有“举人村”的美誉，拥有独特的科举文化。在大多数传统村落中，村民以农业为本，商业为辅，读书为末，但灵水村却不同，“农”“商”“书”并行，形成了其独特的耕读氛围，村民的文化素养普遍较高。村民将自己的学识和修养融入耕读生活之中，在建筑中寄托自己的思想，因此灵水村建筑水平非常之高，形成了著名的“灵水八景”。“灵水八景”包括东岭石人、独山莲花、北山翠柏、柏抱桑榆、灵泉银杏、举人宅院和寺庙遗址。

2. 民居建筑

灵水村民居建筑具有北京传统四合院的基本特征，即对称式的平面与封闭式的外观。但因受地形的限制，灵水村的民居强调依山就势。其建筑以一、二进院居多。山区四合院一般都包含了城市四合院的基本要素——正房（耳房）、东西厢房、倒座房、门楼、影壁。不过，城区四合院中的附属要素如后罩房、游廊、屏门、垂花门等，在山区普通民宅是很少见的。当然，这也是相对而言的，比如在等级较高的举人宅院或富绅宅院中，这些附属要素是存在的。灵水村民居正房每开间一般在3.00米至2.65米之间，进深3.33米。东西厢房开间一般在2.65米至1.85米之间，进深小于或等于3.33米。倒座房的开间数较为灵活，三五间不等，有的时候利用其中的一间作为宅门，其开间在2.15米至2.40米之间。[①]

八、南江村

（一）简介及布局特点

1. 简介

南江村于2013年8月被列入第二批中国传统村落名录，该村落位于贵州省黎平县的东南方位，由三个自然村落组成，属纯侗族村寨。

2. 布局特点

南江村坐落在山坳中，四面环山，背山面水，村中南江河由北向南穿村而过，将村子分为三个村落，三个村落都背山面水，顺应地势而建，满足排水与通风的需求，三个村落之间由木桥相连。

（二）村内建筑

1. 鼓楼

南江村的三个自然村落都以鼓楼为中心布局，鼓楼是该村落重要的公共活动场所与标志性建筑，也是其独有文化的凝练与代表。鼓楼的造型也极具观赏性，仿佛集亭、塔、楼于一身，中轴对称。鼓楼外部装饰华丽，内有楼梯可盘旋而上，檐上覆盖有深色琉璃瓦。鼓楼内贴金彩绘，画栋雕梁，讲述着侗族的传说。鼓楼层数与塔一样，皆为奇数；平面形式与亭一样，皆为偶数，多为四角、六角、八角，奇偶数分别代表阳、阴，鼓楼的形制正是阴阳相调的象征，寄托了侗族村民的愿景。

2. 民居建筑

南江村民居均遵循山形地势，顺着等高线布置，而不一定要坐北朝南。房屋有的架设在山坡上，有的则平地起屋。为了节省土地和方便管理，房屋与房屋之间布局紧凑，屋顶毗连屋顶，门前屋后有的设置水池，有的是很窄的道路，仅

① 王南希. 京西门头沟山区村落乡土建筑与景观研究[D]. 北京：北京林业大学硕士论文，2014.

宽1米左右。传统侗居都是木构干栏式楼屋，房屋多为三间四进二披厦，两间、一间的也有，披厦有单有双，通常在开间方向设置，进深方向不设披厦，屋顶为小青瓦屋面。房屋底层架空养牲畜或用于劳作，二层用于生活起居，三层用于储物，二三层在开间方向层层挑出。①

九、美岱召村

（一）简介及布局特点

1. 简介

美岱召村于2012年被列入第一批中国传统村落名录。美岱召村位于包头市土默特右旗境内的美岱召镇北部，地处大青山脚，因十七世纪初麦达里胡图克图活佛在此坐床传教而得名。

2. 布局特点

美岱召村几经变迁，最后形成今天以六大街区为主的村落形态。美岱召村的传统街巷有其独到的特色和价值，其商业街曾是走西口时最为繁华的闹市，承担了主要公共活动与商贸功能。街巷的布局充分考虑了地形因素，宽窄不一，形式多样。

（二）村内建筑

1. 寺庙建筑

美岱召村拥有独特的寺庙建筑，其建筑风格既有汉文化的影子，又融入了蒙藏风格。寺庙内也保存了大量壁画，对于汉文化与藏文化的研究有着重大意义。

大雄宝殿是美岱召村现存最宏伟的古寺庙建筑，门面阔三间，屋顶均为歇山顶，主殿为重檐两层楼建筑，与南厅经堂、北厅佛殿连为一体。大殿南门为正门，其上悬“寿灵寺”匾额。乃琼庙是美岱召村仅存的白色藏式殿宇，位于大雄宝殿西侧之首，为明代藏式二层建筑，相传为麦达力活佛居所。

2. 街道

美岱召村以召庙及召前广场为中心，有七条主要街道向四方延伸，构成了该

① 关格格. 黔东南侗族传统村落空间形态调查研究[D]. 西安：西安建筑科技大学硕士论文，2015.

村落的主要街区。召西大路位于西召墙下，南北向，从西南角楼通向西北角楼。召后、召东大路位于东召墙下的东万佛殿东边，南北向。召前大路一条从召前广场向西延伸，通往大庙、戏台、西营子、孟家营子，再转向西南，通往呼包公路、美岱桥村。这条路从召前至大庙段，为中华人民共和国成立前美岱召村的商业街。一条从广场西南角向南延伸，通往呼包公路。这条路为出入美岱召村的主要通道，过去称牛羊路，1971年扩建后改称幸福路。从2000年秋天开始，相关部门又在这条路的两边规划并建设仿古建筑，发展为该村新的商业街。一条从东南角楼处向东通往沟门社，再通往美代沟口，称为后大路。一条从东南角楼处向南通往赵家、刘家、大脑包沙图沟村，称为前大路。一条从东南角楼处向南通往南大社，再通往呼包公路。①

十、郭峪村

（一）简介及布局特点

1. 简介

郭峪村2012年12月被列入第一批中国传统村落名录。郭峪村位于山西阳城，其历史几乎和阳城一样古老。从阳城一直向正东行，约45千米处就是晋城。郭峪村就位于阳城与晋城之间，郭峪村向西15千米是阳城，向东30千米是晋城。明清时期一条从阳城到晋城的大道就通过郭峪村。郭峪村位于一条南北向的山谷里，樊溪河穿谷而过，郭峪村位于樊溪的中游。从阳城赴晋城，先要到达樊溪汇入沁水处的润城镇。然后沿樊溪河滩溯流向东北到郭峪村口，从这里登上属樊山支脉的苍龙岭。

2. 布局特点

郭峪村由三部分组成，即郭峪、侍郎寨和黑沙坡。郭峪本村位于河湾的西岸，背靠着不高的庄岭，是一块背靠山，前有腰带水的佳地。另外两处与郭峪本村隔河相望，侍郎寨位于南侧，黑沙坡位于北侧，中间只隔一道很窄的土沟。在樊溪河东岸，北距郭峪本村约半公里，有中道庄，即今黄城村。郭峪村的布局，还扩展到了四周的山川。点缀于各处的寺庙、亭塔，不但使景观更为丰富，而且

① 赵亮. 地域文化在城市规划中的应用研究[D]. 西安：西安建筑科技大学硕士学位论文，2015.

还赋予了山川浓郁的人文气息，从而把村落和自然融为一体。

（二）村内建筑

1. 民居建筑

据史料记载，郭峪村最初的形态是各家选择适宜的地段建房，住户疏散，村落四周没有围墙。崇祯五年（1632），为抵御李自成农民军，侍郎寨（当时称招讨寨）、中道庄最先修起了城墙，而郭峪本村因人多、范围大，直到崇祯八年（1635）才筑起城墙，形成现在的村落规模。

郭峪村的城墙东西方向窄（最宽处约350米，最狭处约100米），南北方向宽（最宽处约1000米，最窄处约300米），形状很不规则。村子的中心位置还有一座30米左右高的豫楼，主要起到保护村民的作用。在战乱频发的年代，城墙和敌楼为保护村民的安全立下了功劳。站在豫楼上极目四望，松山耸于前，庄岭倚于后，摩天岭雄踞其北，河锥塔矗立其南，重峦叠嶂，气魄雄伟。[①] 樊溪从东北流向西南，恰似一条玉带。远近山村，历历在目，真如画中境界。

樊溪东岸的侍郎寨和黑沙坡，中间隔着一条鸿沟。侍郎寨居南而位于山北坡，黑沙坡居北而位于山南坡。侍郎寨地势陡，宋代就已有人居住，明代末年一位范姓招讨官住在这里，为抵御农民军建起寨墙，名为“招讨寨”。清初顺治年间，郭峪人刑部左侍郎张尔素把它买下，改称侍郎寨，修缮加固了寨墙。寨墙高大，有东、南、西三个门。寨南北长约130米，东两宽约70米，总面积约有9000平方米。寨内建侍郎府，有主宅院、书房院、厨房院等大小六个院落，还有张氏宗祠和关帝庙等。

2. 城墙

郭峪村城墙从河畔延伸至坡上，顺地势修建，平均高度为12米。其东侧城墙建在樊溪堤岸上，因雨季洪水经常冲毁堤岸，先民们便借修筑城墙之机对其予以加固，这就使东城墙连堤岸高达十八九米。

郭峪村城墙的建构十分独特，从外侧看它与普通城墙完全相同，但从内侧看，它的下部随地段不同却是一层至三层的砖窑。三层砖窑约占城墙总高的四分之三，称为“窑座”。窑顶上的城墙像一带女儿墙。这种以窑筑城的建造方式在阳城一带较为常见，是一种在战乱的紧迫形势下最佳的建城方式。这种形式的城

① 李慕南. 民居民俗[M]. 郑州：河南大学出版社，2003.

墙，一是可比实心厚墙节省大量的砖石土方，减少人力、物力的投入；二是可以提高建造速度，缩短工期，而且仍能保证坚固；三是由于当时村舍毁坏严重，城窑的一部分可以解决不少人的居住问题。最重要的是，这些城窑还能给调来的官兵当临时的营房用，从而减轻对居民的骚扰，同时也便于管理。①

3. 豫楼

郭峪城建好后不久，崇祯十三年（1640）闰正月十五日，郭峪村又兴建了豫楼。崇祯五年（1632），农民军夺取郭峪一带时，中道庄因有河山楼，得以坚守十余日，从而大大减少了人财损失，这也许是重新建造豫楼的主要动机。

十一、诺邓村

（一）简介及布局特点

1. 简介

诺邓村2012年12月被列入第一批中国传统村落名录。据史料记载，诺邓村已有千余年的历史，村名“诺邓”亦沿用了上千年，诺邓村位于云南省云龙县，是白族最早的经济重镇。

2. 布局特点

诺邓村的布局以公共空间为中心，村落边界向外放射延伸。在延伸的过程中，各聚落呈现出自由式的发展状态。村中各聚居区，或围绕泉眼，或依山就势，或以血缘为纽带，以宗祠为中心展开布局。宗教建筑散点式分布在聚落外围，既限定了本村的人居范围，又起到了联系本村和周围自然村落的作用。

（二）村内建筑

1. 文化建筑

盐业是诺邓的经济命脉，是诺邓历史文化的基础。村民们历来把盐井当作衣食之源，并认为井盐卤脉乃龙王恩赐，因此对卤龙王相当信奉，为了供奉龙王所修建的龙王庙气势也极为恢宏。龙王庙作为整个诺邓村的核心建筑，自建成之后，就一直为供奉龙王的宗教建筑。龙王庙大殿为一单檐歇山顶，三开间建筑，

① 李秋香. 晋南乡村防御建筑——郭裕村的城墙和御楼[J]. 中国建筑史论汇刊，2012（01）：361-380.

建筑颜色简朴淡雅，体量厚重，殿内供奉龙王夫妇雕塑。龙王庙正对村内的唯一广场，广场上置有一块正对龙王庙的方形戏台，每至正月，都有戏班为龙王唱戏，祈求盐业昌盛。

2. 民居建筑

白族民居建筑中轴明显，注重对称，左尊右卑，房屋内部的平面布局，中间为堂屋，两侧为卧室。堂屋在民居空间中占有神圣的地位，几乎在每个合院中都设有堂屋，甚至其数量不止一个。同时正房二层不分隔间，做成一个整体的、具有三个供台的祭祀空间。“一颗印”民居是云南民居形制的典型，但大理白族地区“一颗印”的建筑形式较为少见，诺邓村也只有一座合院采取这种形制，不过，这座“一颗印”合院的形制还是有所变化。

首先在其倒座房的尺寸上，倒座房进深3.8米，远远大于八尺（约2.6米）。倒座房和天井相接的明间设有屏障，屏障两边开门可进入内院。据主人介绍，只有到了重要节日，中间的屏障房才打开。天井空间的长和宽各为4.2米和3.4米，内铺设形状各异的石块，并在下沉院内四周设置排水沟，雨天时，人们将排水沟堵住，即可将雨水汇集于天井内供洗刷用，用完后排走。[①]

第四节 四川传统村落鉴赏

随着第五批中国传统村落名录的公布，截至2019年6月，四川省已经有333个村落被列入中国传统村落名录。四川地区的村落形态丰富多样，不论自然条件如何变化，先民均能因地、因时、因人、因材制宜，选择环境并适应环境，又与周围自然环境共生共荣，体现了“天人合一”的自然观与环境观。

本书针对四川地区各传统村落的不同特点，结合广泛的资料整理和团队调研成果，选取了5个较为典型且保护较为完善的传统村落为案例，以供读者鉴赏和学习。这5个传统村落分布于四川的各市州，各自拥有不同的地形地貌、气候条

① 丁武波. 大理诺邓村山地白族聚落与建筑研究[D]. 重庆：重庆大学硕士论文，2011.

件，部分村落具有鲜明的少数民族特色（见表4-3）。

表4-3　5个传统村落的基本情况

序　号	名　称	地理区位	特　点
1	天宫院村	南充市阆中市	天宫院村因天宫院而得名，村落地形呈盆地状，四周有九座山环绕，有“九龙捧圣”之称
2	莫洛村	甘孜藏族自治州丹巴县	莫洛村以羌族碉楼为特点，现有古碉20余座，高低错落地分布在山地峡谷间。其碉楼形式有四角、五角、八角、十三角等，以四角碉居多
3	联合村	阿坝藏族羌族自治州汶川县龙溪乡	联合村下辖三个组——十磨组、三磨组、东门口组。羌族的释比文化是其民族记忆的独特载体，具有非物质文化遗产的重要价值，被誉为“民族记忆的背影”。东门寨是联合村民族建筑的典型代表，其建筑物大多就地取材，型体厚重坚实，具有鲜明的民族特色
4	桃坪村	阿坝藏族羌族自治州理县	桃坪村古建筑是世界上保存得较为完整的羌族古建筑群。村寨内遍布石砌民居、城堡式碉楼、四通八达的巷道和地下水网，是羌族建筑艺术的活化石，被称为“东方古堡”
5	犁辕坝村	巴中市通江县	犁辕坝村建筑几乎依山而建，穿斗架梁，青瓦粉墙。村落顺应缓坡地形，采用分段跌落的台阶形地基方式设计，其民居大部分建于三层台基或多层台基上。其三合院左右厢房和四合院前堂屋、后屋大多为吊脚楼

一、天宫院村

（一）概况

1. 区位

天宫院村于2012年12月被列入第一批中国传统村落名录。天宫院村位于阆中市西南部的天宫乡，紧邻212国道线，离阆中古城约30千米，其辖区面积约32平方千米。天宫院村地势偏低，被九座山簇拥着，呈现“九龙捧圣”的风水格局（图4-3）。位于天宫院村的隆山驿，是古代由甘肃、陕西入川的交通要冲。

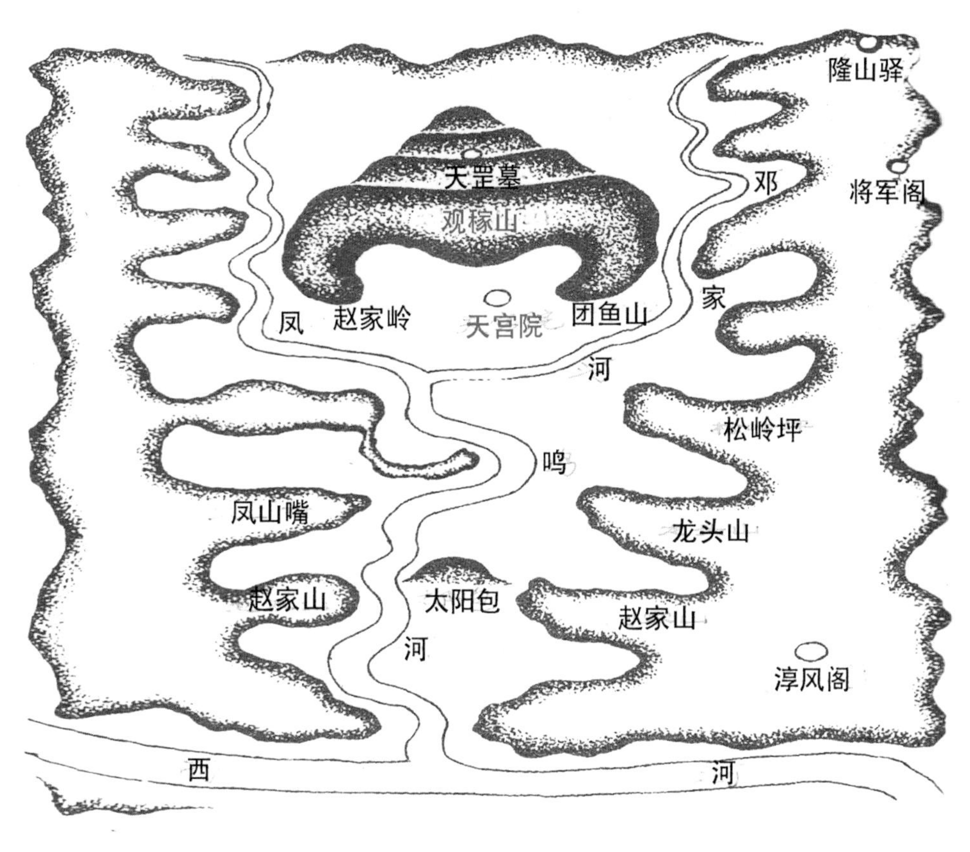

图4-3 “九龙捧圣”风水格局示意图（图片来源：团队自绘）

2. 自然地理与人文历史

该村地形呈盆地状，四周以深丘为主，九座山环绕。过渡带为浅丘，中间平坎处有一个大石台，恰似一顶“圣冠”。村内交通方便，水和森林资源丰富。

天宫院村的村民酷爱歌舞，盛大的庙会是村内流传多年的传统，在庙会中，村民会进行各种各样的演出。如锣鼓表演、龙狮表演、皮影戏表演、川剧表演、抬神像等。

3. 文物古迹

天宫院村现有省级文物保护单位天宫院古建筑群，风水文化景区袁天罡墓地（图4-4）、李淳风墓地等。此外，该村还有将军庙（赵云庙）、汉代古城基址、古汉墓群，以及至今仍保存得较为完好的明清川北民居——缪家古院等历史文化遗址。

图4-4 袁天罡墓地图（图片来源：作者自摄）

4. 布局特点

天宫院村的建筑往往依山傍势而造，建筑群落并无明显的聚合状态，反而有纵立横列的态势，建筑与建筑之间往往留有较大的过渡空间。村内街道也因受到地形及建筑位置的影响，道路的宽度及弧度较为自由，并无一定之规。其建筑风格具有川北建筑的典型特征，色彩内敛，体量厚重。建筑原料往往就地取材，以石料和木料为主，石材色泽白皙，质地坚硬，木材则一般为本地植物，大木用作柱、梁，小木用作门、窗及外檐装饰等。其木雕工艺水平较为高超，形象圆润丰满，构图灵活多变（图4-5）。其窗棂全部为方形窗结构，窗雕多为分格样式，

图4-5 天宫院村建筑（作者自摄）

图案较为传统，主要包括如意、花鸟等。天宫院村建筑规模大小不一，但结构多为穿斗式木构架的干栏式建筑，具有明显的中轴线，悬山式屋顶大多前坡短而后坡长，多外廊，深出檐（图4-6、图4-7）。

图4-6　天宫院村建筑院落布局（作者自摄）

图4-7　天宫院村建筑院落布局（作者自摄）

天宫院村传统村落的西南方向是仿照传统村落建造的新村镇，其建筑风格既吸收了传统元素，又融入了现代建筑的某些特点，别具一格。新村镇以天宫院街为中心，向南北方向扩散，饭店、停车场等旅游基础设施也在村镇内，其总体空间布局十分得体（图4-8）。

图4-8　天宫院村航拍图（作者自摄）

（二）传统村落的保护

1. 保护对象

天宫院村历史文化悠久，具有丰富的文化资源和自然资源。村内传统风貌保存完整，是一个具有很高历史文化价值和旅游价值的古村。

立足于天宫院村的资源优势，相关部门制定了如下的保护对象：其一，保护天宫院的风

水文化，以及在其指导下所形成的整体空间环境和风水格局；其二，保护具有地方特色的传统工艺、民风民俗等文化遗产；其三，保护历史悠久，具有文化价值的古文化遗址、传统建筑（构筑）物、传统民居等文化遗迹；其四，保护河道水系、地貌遗迹、古树名木等。

2. 保护策略

保护传统村落既是对物质实体的保护，也是对非物质文化遗产以及传统村落生活方式的一种保护，既要保护历史建筑、街巷空间格局，也要追求历史的真实性、风貌的完整性以及文化精神的传承性。

天宫院村的村镇布局根据开发利用的相关政策，依照旅游路线规划，南部以西河街为牵引，连通圣水园，北部以天罡北街为引线，串联天宫院风水文化景区（图4-9）。有开发就会有破坏，有破坏就会有文化的遗落。由于现阶段的旅游开发力度较大，天宫院村已经逐步将传统村落与新建村镇隔离开来，这样一方面有利于全面向游客展现天宫院村悠久的村落历史，另一方面也有利于对传统建筑及其伴生环境的保护。

图4-9　天宫院风水文化景区（作者自摄）

天宫院村在传统村落的保护和传承方面，无论就其对传统建筑的维护措施而言，还是就其新老建筑分区管理的方法而言，均具有一定的优越性。但天宫院村的开发和利用也暴露出了旅游经济的一些弊端，那就是游客量的增加会对当地固有建筑及生活方式产生负面影响，会造成本地村民原有风俗文化的流失，这也是我们在进行传统村落的保护时应该注意的一个方面。

二、莫洛村

（一）概况

1. 区位

莫洛村于2012年12月被列入第一批中国传统村落名录。莫洛村位于四川省甘孜藏族自治州。东接小金县，南部及西南部与格宗乡相连，西北邻章谷镇，北与中路、岳扎、半扇门接壤。全村为一个自然村寨，乡政府驻于其中。莫洛村古称“博呷夷”，即“藏族的寨子”。“莫洛”在藏语中指环形地带，可能最初该地只是大渡河边的冲积扇形坡地，背山面水，无人居住。[①] 其后，随着经济和社会的发展，才逐渐有人在此落户。在当地的传说中，莫洛村最早的村民即以摆渡为生。

2. 自然地理与人文历史

莫洛村东南北面环山，地势北高南低，气候属于典型的干旱河谷地带，四季分明。

女子成人礼是莫洛村重要的非物质文化遗产之一，在当地已有100多年的历史，具有极大的历史文化价值和科学研究价值。2008年，四川省非物质文化遗产将莫洛村的女子成人礼收于名录之中，正式给予保护。莫洛女子成人礼在当地被称为“扎信金”或“沙金”，意为佩戴新的头饰。每当举行成人礼之前，家人会将自家的女孩子精心打扮一番。在成人礼举行之时，村寨里的人会聚集在一起进行跳锅庄等活动。成人礼结束之后，意味着女子已成年，可以步入婚恋。[②]

莫洛村呈现出以藏族为主、多民族杂居的民族结构，并相当完整地保持着嘉绒藏族的传统习俗和居住文化。莫洛村拥有独特的防御性碉楼群，其形态多样，规模宏大，是中国石砌建筑中的“活化石”。

① 高威迪. 嘉绒藏族莫洛村调查及其保护规划研究[D]. 西安：西安建筑科技大学硕士学位论文，2016.
② 伏小兰. 川西藏区传统村落保护与发展研究[D]. 长沙：湖南师范大学硕士学位论文，2017.

藏寨碉群作为一种文化载体，其历史延续性之紧密，表现之强烈，实为罕见、珍贵，具有史学、人类学、建筑学、社会学的研究价值和艺术观赏价值，是全人类的共同遗产。

3. 文物古迹

莫洛村还拥有大量的古树（以柏树和黄粱树为主）、古河道及古井，据统计，莫洛村共有古树11000余棵、古河道2处、古井6座，它们是当地气候环境的见证者，对当地气候环境的研究有着非常重要的作用。

高碉是战争的产物，在不断地发展中，其砌筑技术已达到很高的水平。莫洛村现有古碉20余座，高低错落分布在面积20万平方米的山地峡谷间（图4-10）。碉楼形式有四角、五角、八角、十三角等，以四角碉居多。[①]

图4-10 莫洛村古碉（作者自摄）

4. 布局特点

莫洛村现存民宅呈带状分布，组团布局和散点均有，形态自由，疏密不一。

① 刘明祥. 千碉之国——莫洛村[J]. 小城镇建设，2006（09）：79-80.

主要聚居区集中在段家沟以北。民居建筑均为南北朝向，层数多为3至4层，大部分民居按照自然原始的肌理搭建。但随着经济的发展，农民收入的提高和旅游业的起步，部分村民开始改扩建自家房屋，村内部分民居在平面布局、立面造型以及规模尺度等方面发生变化，甚至出现了个性化的建筑形式。[①]

莫洛藏寨的建筑由碉楼民居与高碉组成，总体上依山而建，高低错落有致，疏密相间，耕地、山林穿插于村落之间，在过去既利于生产、生活，又便于防御，成为高山峡谷地带和谐的生态家园。每户住宅均以石砌矮墙围合成院落，居室入口向南或偏东、偏西。大多数高碉建于宅侧或寨中人口密集处，其他的则散建于村寨之间、山梁或谷口，从而形成了具有浓郁防御色彩的居住环境（图4–11、图4–12、图4–13）。

图4–11　建筑立面样式（作者自摄）

图4–12　莫洛村建筑样式（作者自摄）

莫洛村现存四角、五角式碉楼，其内部均为方形，立面块石砌的外墙由下至上逐渐向内收分成梯形，底部边长6米左右，墙厚1.5至2米，顶部墙厚0.6米至0.8米，高度最高者达40米，大多在25至35米之间。五角碉是在地基承载力较弱的一边地墙中间突出一角，以增大接触面，以加强该面墙壁的稳定性。八角与十三角碉内部呈桶形，底部墙壁厚达2米以上，层数为9至15层。[②]

① 高威迪. 嘉绒藏族莫洛村调查及其保护规划研究[D]. 西安：西安建筑科技大学硕士学位论文，2016.
② 刘明祥. 千碉之国——莫洛村[J]. 小城镇建设，2006（09）：79–80.

图4-13　莫洛村建筑群（作者自摄）

（二）传统村落的保护

1. 保护对象

莫洛村保护规划确定的保护对象有以下一些。其一，莫洛村所依托的自然资源；其二，蕴含于古村落的嘉绒藏族传统文化；其三，村落中的文物古迹，如碉楼民居、高碉等建筑遗迹。规划指出，应进一步挖掘村内的非物质文化遗产，始终将保护传统村落的生产生活文化贯穿在保护、规划的全过程，同时也要注意生态自然资源环境的保护。

2. 保护策略

在保护过程中，相关单位及个人应在遵循有序传承和保护地域特性的原则下，根据莫洛村所处地理位置和拥有的自然资源等，因地制宜地进行保护。在此基础上，积极引导产业转型，引入特色农业，以村内古碉遗址为特色资源，将保护与开发利用结合起来，同时大力发展旅游业等第三产业，最终形成以旅游业为主、观光农业和传统农业共同发展的新格局，从而实现莫洛村嘉绒藏族传统风貌得以保存，特色民居受到保护，村域经济得到发展，村民收入增长、生活水平提高的目标。①

① 高威迪. 嘉绒藏族莫洛村调查及其保护规划研究[D]. 西安：西安建筑科技大学硕士学位论文，2016.

三、联合村

（一）概况

1. 区位

联合村于2017年3月被列入第四批四川省传统村落名录。联合村位于阿坝藏族羌族自治州汶川县龙溪乡。龙溪乡地处四川盆地西北部，是国内的羌族聚居县之一，其龙溪二十三寨就是古羌文化的典型代表（图4-14、图4-15、图4-16）。联合村现辖三个组，即十磨组、三磨组、东门口组。东门寨即隶

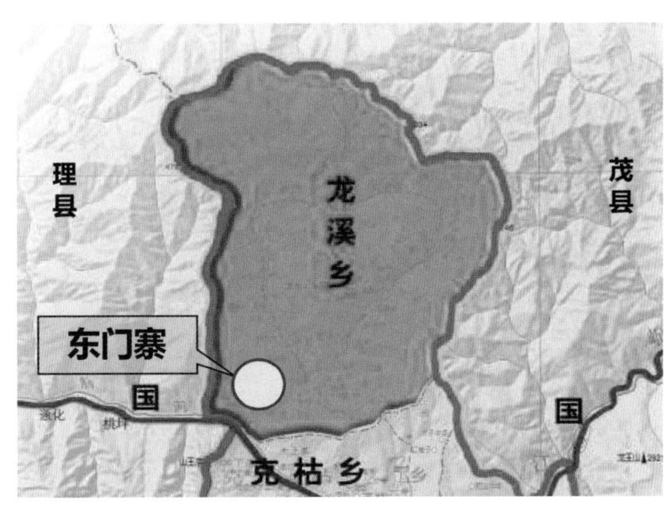

图4-14　东门寨在龙溪乡的区位示意图（团队自绘）

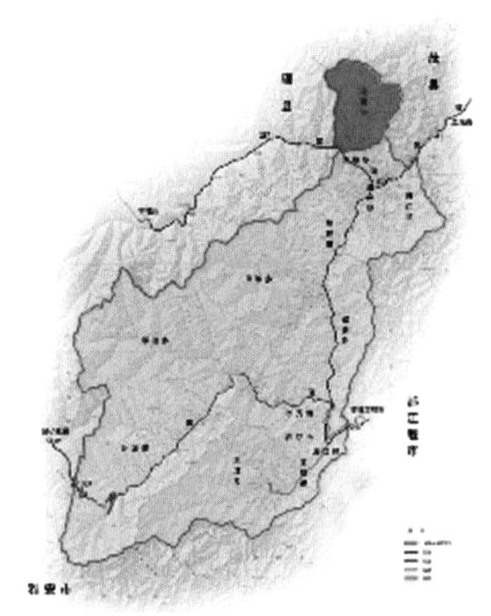

图4-15　龙溪乡在汶川县的区位（团队自绘）

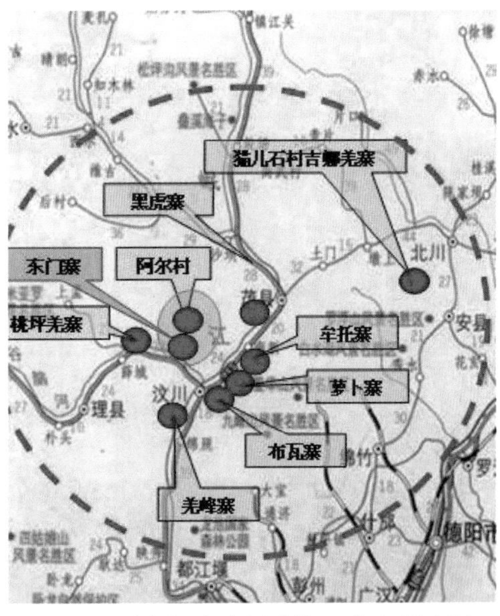

图4-16　龙溪乡在阿坝州的旅游地理区位（团队自绘）

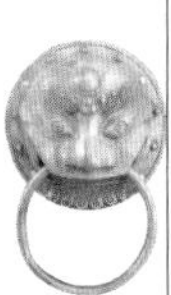

属于东门口组。

2. 自然地理与人文历史

联合村所在的龙溪乡生态环境良好，原始森林覆盖率高达44.65%，有龙溪沟贯穿全境。龙溪沟上游降雨量丰沛，下游降雨量少，又有原始森林涵养水分，中游补给水量充足[①]，有20余条支流汇入其中，最终于东门寨汇入杂谷脑河。辖区内动植物种类十分丰富，且拥有独特的释比文化，丰富的自然旅游资源、人文旅游资源等资源。联合村交通便利，基础设施建设完备，因此联合村的旅游业和农业极为发达。

3. 布局特点

龙溪乡山高谷深，地质结构十分脆弱。因此，联合村房屋排列紧密，多顺应地势而建。因为受汉族文化的影响，该地建筑风格又体现出了汉羌文化的融合，比如垂花门、木质阁楼等。

（二）传统村落的保护

汶川大地震后，有关部门组织开展了联合村的重建和传统村落保护工作，充分发挥“羌人谷”生态旅游资源和人文旅游资源的优势，深入挖掘古羌民族释比文化以及羌族民俗文化。考虑到联合村自身的产业结构、乡村旅游的特点及其所带来的积极效应等诸多因素，有关部门将大力发展乡村旅游业作为该村落灾后重建的重要产业支撑。下文以东门寨为例，简要介绍该地的传统村落保护工作。

1. 整体风貌保护

当地政府在充分论证的基础上，决定在东门寨原址保留75座建筑，并对损毁的建筑进行原址恢复性重建（图4-17）。重建后的东门寨以水系为灵魂，形成了依山就势的空间形态格局（图4-18）。景区入口还修建了一个整体风貌展示空间，由三部分组成，并设置了一条通往东门寨的景观视线通廊（图4-19、图4-20、图4-21）。

① 曹雪梅，刘琨. 以重建生产力为目标编制灾后重建规划——以龙溪乡羌人谷东门寨灾后重建规划为例[J]. 四川大学学报（工程科学版），2010（S1）：63-69.

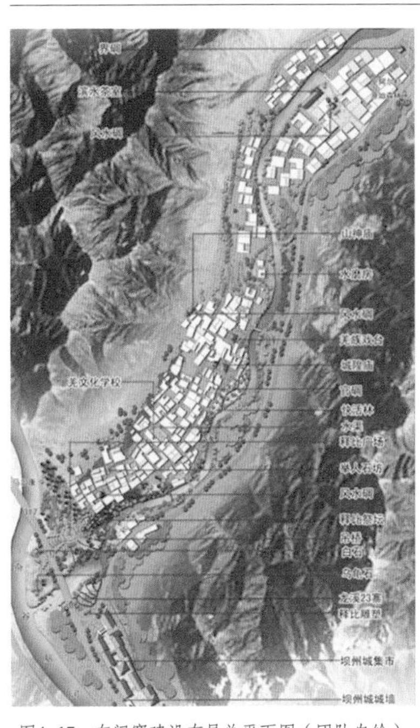

图4-17　东门寨建设布局总平面图（团队自绘）

图4-18　东门寨空间形态格局（团队自绘）

图4-19　羌人谷入口区（作者自摄）

图4-20　游客中心（作者自摄）

图4-21　达娜广场（作者自摄）

2. 分区保护

当地政府在充分尊重东门寨地形地貌及震后羌族建筑的空间序列及山水资源的基础上，按照功能结构将景区划分为入口广场区、集市商贸区、原生态羌寨保护区、核心景区、羌人新寨（图4–22）等，并根据每个分区的具体情况开展保护工作。

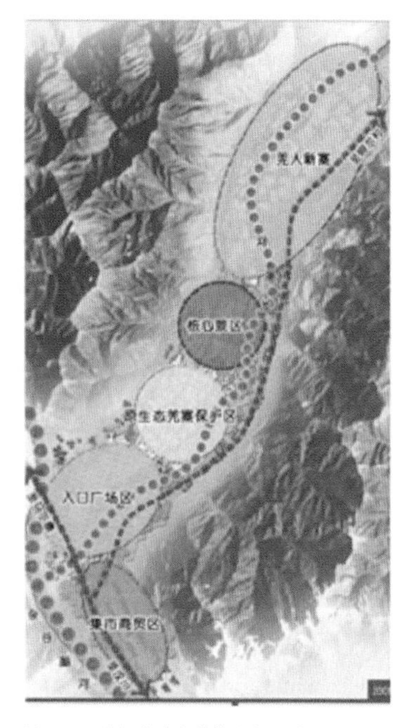

图4–22 东门寨功能结构分析图（团队自绘）

3. 景观保护

东门寨景观以释比广场文化景观和滨河自然景观为主，同时融入古祭坛、龙脉雕、吊桥等代表羌族文化的元素，从而使景区的历史文化资源与自然生态体系有机地融为一体，打造出独具特色的羌族村寨旅游景观（图4–23）。

图4–23 联合村景观风貌图（作者自摄）

4. 传统建筑保护

联合村的传统建筑以羌寨传统民居为主，这种传统建筑具有以下三个特点。其一，层高合理；其二，建筑密度适中；其三，街道尺度适宜。为延续这一风格，目前东门寨灾后重建的民居在设计上也采用了这种思路，以控制建筑层高的方式使建筑与背景形成优美的天际线。为了统一整个村寨的建筑色调，东门寨的现存民居已按照羌族的建筑风格，进行了统一的装饰。其建筑用料也尽量就地取材，以保留其独有的粗犷风格与原生形态，增强可游览性。

重现历史文化空间也是东门寨进行传统村落保护时的重要工作，目前相关部门已修复东门寨现存的部分历史建筑及半开放式街区，并设立了核心历史保护区，恢复了碉楼、祭坛、寺庙、水磨坊等历史景观。（图4-24）。

旧民居

新民居

旧街巷

新街巷

戏楼

图4-24　东门寨核心历史保护区部分建筑（作者自摄）

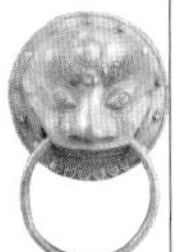

四、桃坪村

（一）概况

1. 区位

桃坪村于2012年12月被列入第一批中国传统村落名录。桃坪村，又称桃坪羌寨，位于四川省阿坝藏族羌族自治州理县桃坪镇，坐落在岷江上游流域杂谷脑河河畔，海拔约1420米，地处理县与汶川县交界处附近，距理县县城约39千米，距成都市约180千米。

据史料记载，桃坪村始建于公元前111年，距今已有2100多年的历史。桃坪村由于地处交通要塞，历史上一直是兵家争夺之地。为了营造出安全、祥和的生活氛围，当地居民充分发挥了自己的聪明才智，在一块大约3平方千米的台地上修建坚固安全的民居建筑。当地居民约在明代时迁居河谷地带，并逐渐构筑起功能完整、结构复杂的防御堡垒——桃坪羌寨。

2. 布局特点

阿坝藏族羌族自治州的传统羌族村寨多分布在岷江上游高山峡谷地区，根据村寨坐落的地理位置和海拔高度，一般分为河谷寨、山腰寨和高山寨三种类型。桃坪村位于杂谷脑河北侧，西部为河流，农业发达，交通便捷。

桃坪村建筑因地制宜，顺应地势。“负阴抱阳，背山面水”，与传统风水学说暗合。其聚落的选址优势，有以下几个方面：

（1）方便获取水源

水乃生命之源，任何一个文明的孕育和发展都离不开水。桃坪村的选址充分考虑了水源因素：桃坪村南侧为杂谷脑河，西侧为曾头沟，村内地下水系所提供的生活用水及村侧耕地的农业用水，均源自曾头沟。

（2）适于农业生产

岷江上游多高山峡谷，受地形的限制，所以适合农耕的平坦肥沃之地就显得弥足珍贵。传统羌族聚落的选址，往往会优先考虑耕地和牧地，桃坪村也不例外。桃坪村东侧为大面积的冲击平地和缓坡地带，土地肥沃，日照充足，空气较为湿润，水源获取方便，一直是桃坪村民主要繁荣农耕之地。

（3）具有良好的防御性

在古代，村寨多具有防御功能，以保护居民的生命和财产安全。桃坪村北靠高山，西侧和南侧有河流作为天然防御屏障，又位于河谷台地的制高点，扼守高地，易守难攻，而村内的碉楼也具有良好的瞭望视线，因此整个村寨具有较好的防御性。

（4）可以防灾减灾

桃坪村位于高山河谷之中，面临的地质灾害较多，其东即为龙门山地震断裂带。但桃坪村位于坚固的石床之上，地基稳固，抗震能力强，这也是桃坪村在经历汶川大地震后而没有发生整体性垮塌的重要原因之一。同时，桃坪村位于河谷台地上，高于杂谷脑河约30米，减少了大型洪水和泥石流对村寨的影响。

桃坪村空间结构布局以自然环境为基础，村落碉房建筑群落依山就势，呈扇形分布。其总体布局以碉楼为核心，其周围紧密围绕着层层叠叠的石砌民居（又称邛笼），各建筑户户相通，形成了极具个性的村寨整体风貌（图4-25）。桃坪村交通系统也颇具特色。错综复杂的街道布局和纵横交错的地下水网，相互连通的过街楼和户户相连的屋顶平台，构成了四位一体的交通体系。据称，村内四通八达的水系，既是古代的战备工程和战时的逃生渠道，又是平时生活用水的重要来源，这些水系至今仍服务于村民，各取水点也成了村民进行社会交往的公共活动空间。

图4-25　桃坪村街巷空间展示（作者自摄）

桃坪村的建筑系统主要由高耸的碉楼和以三层为主的邛笼建筑构成。该村落早期的建筑相对独立，碉房间用小巷子相连，但随着人口的增加，碉房不断增建，很多碉房之间共用一堵石墙，或搭建木偏楼相连，形成过街楼（图

4-26）。[1]各户均可通往邻家，使全寨成为一个互为联络的整体。桃坪村现存的三座碉楼，分别为余家碉楼、陈仕名宅碉楼和龙小琼家碉楼。三者均为战备碉楼，平时用于储藏粮食，战时用于抵御外敌。其中，龙小琼家碉楼因年久失修，发生了垮塌，现存碉楼是在原址上重建的。三座碉楼的平面均为矩形，其顶部与民居类似，设有照楼，称“椅子顶”，并在顶层下面的石墙上外挑木梁，架设木板，形成可瞭望和祭祀的眺台。在建筑材料和建造手法上，三座碉楼均为砌体结构，由石材垒筑，泥土黏结；石墙具有良好的承重性能，墙体与地基浑然一体，其底端厚度在0.7至1米之间，向上逐渐收分，形成椎体结构。碉楼内部空间通过木构件进行划分，墙面上设有少量斗窗。

图4-26　道路交通图（作者自摄）

桃坪村的传统民居建筑一般为三层或四层，底层通常为牲畜圈和杂物间，中间层用于住人和储物，顶层为罩楼和晒台。民居建筑以石墙为承重墙，内部空间仍通过木构件进行划分，室内柱子一般只有“中柱”，在罩房过街楼处，设有少量木柱。

由于桃坪村距汉族聚集区较近，故寨子受汉文化影响较深，寨西有四川常见的川祖庙，内有戏台、石狮、川祖造像等汉文化元素，从而使整个村落呈现出汉羌结合的建筑风格。

① 任浩.羌族建筑与村寨[J].建筑学报，2003（08）：62-64.

（二）传统村落的保护

1. 灾后重建

汶川大地震中，桃坪羌寨受到了一定的损坏，2008年7月，四川大学建筑与环境学院携手美国华盛顿大学，双方联合组成专家团队，对桃坪羌寨内的98栋房屋的受损情况进行了评估。专家组根据各建筑的震损情况，将其分为四个级别，其中“基本完好”者16栋，占全部的16.32%；“轻微损伤”者28栋，占全部的28.57%；“中度损伤”者39栋，占39.80%；“严重损伤”者15栋，占全部的15.31%。

桃坪村建筑采用传统技法修建，具有较好的抗震性，先后经历了1933年叠溪海子7.5级地震和1976年松潘平武7.2级地震，均安然无恙；在汶川大地震中，上述三座碉楼只有一座倒塌，其余两座仅屋顶局部受损，村民房屋受灾情况较其他地区轻微。在政府及各界的关注与帮助下，桃坪村被列为羌文化抢救保护工程，村寨的建筑、空间、巷道及地下水网等也得到了修缮和恢复，目前已全面完工。同时，为更好地保护文化遗产，转移老寨子的经营活动，湖南省对口援建了桃坪村新寨。新寨除民居外，还建有羌文化演艺中心、文化展示中心及历史博物馆，其主要目的是为了提升旅游服务功能。[①]（图4-27、图4-28）

图4-27　桃坪村老寨（作者自摄）

① 张顺程. 基于精明收缩的桃坪羌寨传统村落保护研究[D]. 成都：成都理工大学硕士学位论文，2017.

图4-28　桃坪村新寨（作者自摄）

2. 传统建筑保护

传统村落的保护应在保护其整体格局的前提下，严格按照保护规划的要求进行保护、修缮、整治等。由于桃坪羌寨目前保存较好，当地政府在传统建筑保护时遵循最低限度的干预原则，依据建筑保护价值和历史传承进行分区分级保护，协调新旧建筑、新老寨子之间的关系，维持风貌的整体特色，尽可能地保持原有的街巷空间和村落形态风貌。

（1）分区分级保护

当地政府通过对桃坪村传统建筑的年代考察和价值评估，将桃坪村分为核心保护区、建设控制区和风貌协调区，并针对三个保护区分别提出重点保护、协调控制和协调重建的不同要求。其中，控制建设区的规划难度较大，因为既要规避北侧山坡的地质灾害，又要考虑农业用地和未来的建设用地。

（2）协调新老关系

由于缺乏统一的风貌控制和管理，桃坪村传统羌寨的乱搭乱建现象随处可见，视觉景观污染对历史村落的风貌统一造成了严重的破坏。考虑到传统羌寨建筑文化的传承性和延续性，新建的桃坪村新寨在建筑材料、建筑尺度和建筑风格方面尽量与老寨保持一致，以延续其固有风格。

（3）街巷形态保护

与其他传统村落相比，桃坪羌寨的古街巷不仅具有交通功能，还具备防御功能，特色较为鲜明。村落中的街巷空间，不仅组织着村落的交通，还反映了居民的生活生产方式，因此需要进一步加强对其的保护。

五、犁辕坝村

（一）概况

1. 区位

犁辕坝村于2014年11月被列入第三批中国传统村落名录。该村落位于四川省巴中市通江县泥溪乡，自然资源丰富。其行政范围约90万平方千米，离通江县城与巴中市均较远（图4-29）。

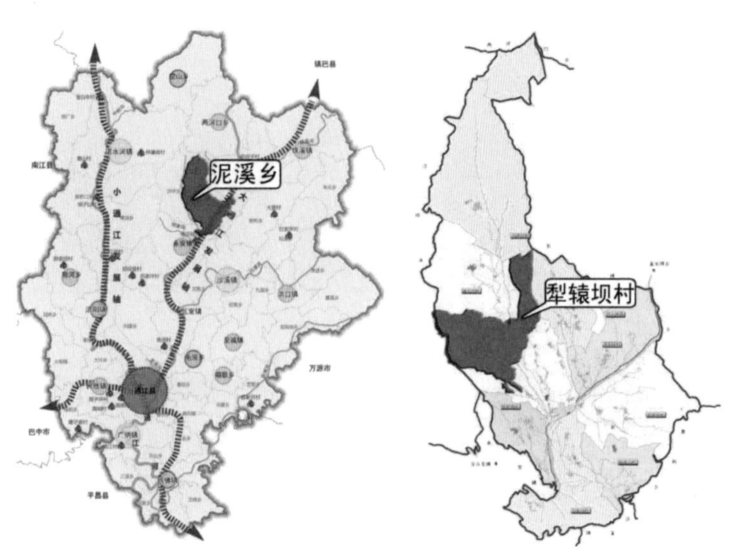

图4-29 犁辕坝村区位示意图（团队自绘）

2. 自然资源与人文历史

犁辕坝村拥有得天独厚的自然资源和人文资源。马家风水小河（犁辕河）蜿蜒流经此地，冲积出一片肥沃富饶的土地（图4-30）。

图4-30　犁辕坝自然风貌（团队自摄）

犁辕坝村的营建文化也颇有特色，具有一定的传承价值。首先，该地居民在营建房舍时注重对本土材料的运用。先拣选大巴山上的优质石料，以精湛的石刻工艺打磨出柱础、台基、地袱石、铺地等建筑材料，然后利用木材斫制主体穿斗木构架及门窗等，最后用竹篾、草筋、石灰、泥土等构成竹编夹泥墙，再覆上泥土烧制的青瓦。其次，该地居民在营建房舍时极其注重结构之美。犁辕坝村的传统民居建筑未用一颗钉子，全部由榫卯连接。

3. 文物古迹

犁辕坝村拥有大量传统民居及古墓（图4-31、图4-32），传统民居多为穿斗木结构院落，古墓多为南宋岩墓。除此之外，犁辕坝村后山的“铁林城”古迹曾经是米仓古道上至关重要的军事基地。

图4-31 传统民居、古墓等（团队自摄）

图4-32 犁辕坝村的部分文物古迹（团队自摄）

4. 布局特点

犁辕坝村居民主要为马氏族人。该村落在道路规划上做到了人车分流，部分车行道与原有村道在连接后形成环线，通达性较高（图4-33、图4-34）。村落中的建筑几乎全都依山而建，穿斗架梁，青瓦粉墙。各建筑多采用分段跌落的台阶形地基设计方式，分别建于三层台基或多层台基上。其三合院左右厢房和四合院前堂屋、后屋大多采用吊脚楼的形式，均由上下穿枋承挑，使之悬于岩坡，构成披檐（民间称“耍檐”）。吊脚楼建筑的悬柱，起着重要的支撑作用和外观装饰作用。

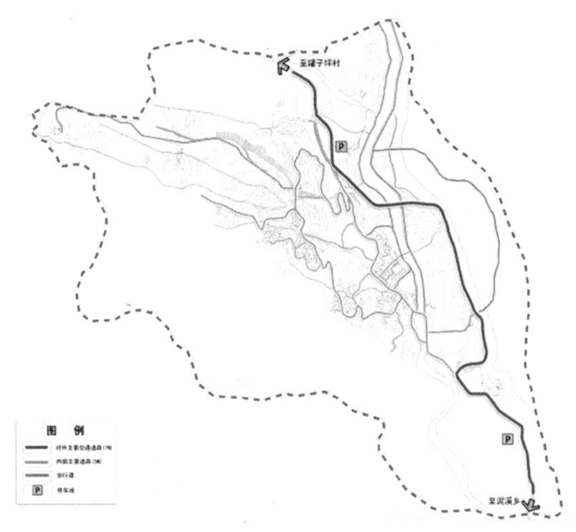

图4-33 犁辕坝村道路（团队自绘）

图4-34 步行进村道路与犁辕河（团队自摄）

马朝忠、马朝山院子是犁辕坝村保护得较好的传统建筑，属于四合院格局，前院已毁，正堂屋面阔五间，左右厢房各横列三间（图4-35），其屋檐转角、瓦槽检水“天转地不转”，形成“四水归堂”的形式，寓含家族团结及招财聚宝的美意。正堂屋前的“地落檐”门槛石条，工艺高超。

在犁辕坝村的传统建筑中，马太福院子在选址布局上堪称经典（图4-36）。通常中华殿宇式建筑群落，在选址方面大多遵循“上下三停”的原则。所谓“三停”，是指设计者将建筑物的基址选取在开阔平缓的向阳坡地上，然后将基址开挖成上、中、下三级台地。马太福院子虽然是民居建筑，但它在选址、布局上却与殿宇式建筑的“上下三停”暗合，民间工匠的智慧，让人叹服。

图4-35 马朝忠、马朝山院子（团队自摄）

图4-36　马太福院子（团队自绘、自摄）

（二）传统村落的保护

通江县规划局根据犁辕坝村的具体情况，为其制定了三个层面的保护规划，即整体风貌保护规划、分区保护规划和传统建筑保护规划，现分述如下。

1. 整体风貌保护

（1）山体保护

绿水青山就是金山银山。对严重影响村落风貌的山体林木，应加强保护，禁止在其范围内采石、开垦及兴办大型建设活动；山上的基础设施和建筑小品，应与传统村落的风貌保持一致。

（2）水系保护

要保护好犁辕坝村的水系，主要应注意以下两点。一是保护马家河优美的自然水岸线，严禁修建硬质河堤，禁止村民随意填埋或开挖河道，导致水体面积与河流形态受到破坏。一是保护好村落中的自然沟渠，特别是龙王爷沟，要及时清理壁岸，保持其水体环境。

（3）农田保护

农田既是犁辕坝村的重要环境要素，同时也是其传统村落风貌的主要景观构成元素。因此应加强对犁辕坝村农田的保护，禁止将农田擅自改为他用。

（4）村落保护

传统村落是犁辕坝村的保护核心，应对其整体民居的建筑空间、道路格局，以及其他一切物质的和非物质的文化遗产进行充分的保护。

2. 分区保护

犁辕坝村分为三个区域，分别是核心保护区、建设控制地带以及环境协调区

（图4-37）。核心保护区主要包括重要的传统民居，维护村落原有风貌。建设控制地带则在核心保护区外围，顺应原始地形和道路，划分建设控制地带。在建设控制地带的所有建设活动，都需要经过有关部门的批准，做到与整体风貌相协调，禁止出现超大和超现代的建筑形式。

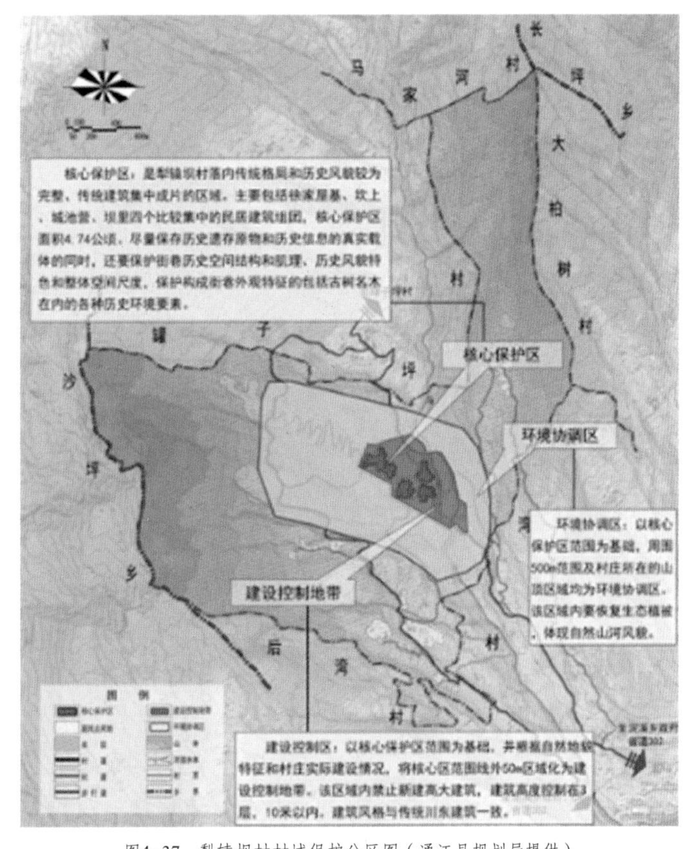

图4-37　犁辕坝村村域保护分区图（通江县规划局提供）

环境协调区则严格保护村落原有自然环境，在环境协调区内，禁止对自然资源的掠夺，从而保护村落的生态环境。

3. 传统建筑保护

（1）修缮

传统建筑修缮措施包括外立面整修、结构加固、基础设施完善等（图4-38）。在修复建筑风貌的同时，也应满足居民的需要，重点对建筑内部加以调整改造，完善基础设施。

（2）维修

传统建筑维修是指对传统建筑所进行的不改变外观特征的加固和保护性复原。有条件的历史遗存要申报各级文物保护单位，或登记为不可移动文物。

（3）改善

传统建筑改善是指对传统建筑所进行的，不改变外观特征的，调整、完善内部

图4-38 传统建筑修缮的具体措施（作者自绘）

布局及设施的建设活动（图4-39）。改善的目的主要是在保护其建筑的格局和风貌的同时，重点对建筑内部加以调整改造，完善基础设施，改善村民生活质量。

图4-39 传统建筑改善的具体措施（作者自绘）

（4）整修

所谓整修，就是对传统建筑的整体风貌造成负面影响的建构物和环境因素进行改造。整修的具体措施包括降层、平改坡、改变外饰面及门窗等（图4-40）。

图4-40　传统建筑整修的具体措施（作者自绘）

（5）拆除

对于那些与村落风貌不协调，或质量较差的建筑，应该予以拆除或改建。

（6）分类保护性改造

清代及以前的建筑具有较高的文物价值，故采取修缮维修保护的方法，对残缺部位进行原样修复保护，旨在留存其历史、文化、艺术、技术价值并延续该地域的文化和集体记忆，塑造本地区特有文化的认同感。

对于民国以后的传统木结构建筑，在延续区域历史文脉和融入整体风貌的前提下，对建筑外部进行进一步的完善修整。

对于影响传统风貌的部分现代砖混结构建筑，该类建筑采用现代建造材料和建造技术，建筑造型完全不采用传统元素，较难融入该区域的整体建筑环境。采取整修的方法进行村落传统风貌的保护。外表面以符合区域整体风貌为原则进行风貌整修更新，外部进行必要的加建，旨在与村落传统风貌取得和谐统一（表4-4）。

表4-4　分类保护改造情况示例

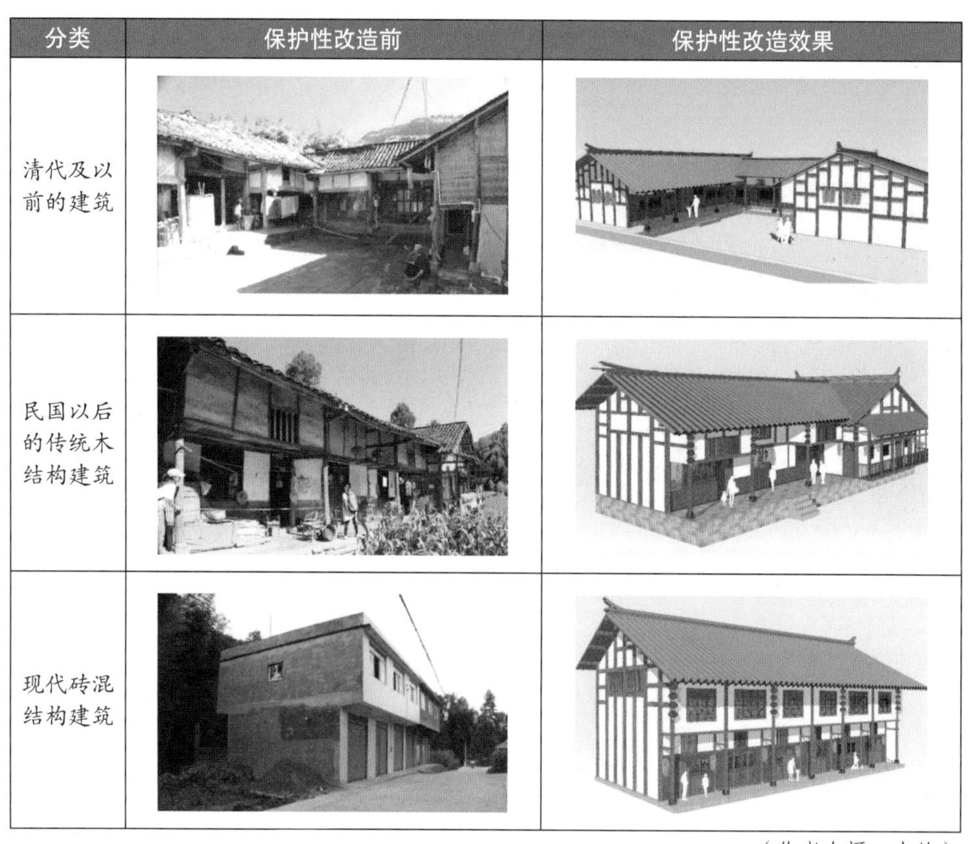

分类	保护性改造前	保护性改造效果
清代及以前的建筑		
民国以后的传统木结构建筑		
现代砖混结构建筑		

（作者自摄、自绘）

第五节　小　结

目前，中国传统村落名录已经公布到第六批，截至2023年底，受国家保护的传统村落在总数量上已达8155个。尽管如此，目前还有很多传统村落并未得到妥善保护。为改善这一情况，本书建议可以从以下几个方面着手。首先要启动濒危传统村落保护专项行动，对代表性村落进行重点保护；其次要完善政策，加强对于传统村落的管理和维护，杜绝对传统村落的再次破坏；最后要制定综合配套政策，促进传统村落的经济发展，提升村落活力，加强其保护意识。

课后思考

1. 保护传统村落的意义是什么？

2. 在对传统村落保护与利用过程中，如何提高村民的保护意识？

3. 在对传统村落的保护过程中，应如何尊重村民的传统生活习俗？

4. 在传统村落的保护中，除了对建筑的保护和利用外，还应注重哪些方面的保护与传承？

5. 结合乡村振兴战略的相关政策，谈谈传统村落保护的有效措施有哪些？

第五章

传统建筑保护与修缮

第一节　传统建筑保护原则

目前社会各界对传统建筑的保护是围绕着真实性和完整性两个核心原则展开的。真实性是指在时间轴上对传统建筑的“深度”发掘，而完整性则是指在空间轴上对传统建筑的“广度”扩展。它们互为依托：完整性应以存在的真实性为前提，因为真实性是传统建筑存在的价值前提，没有真实性，传统建筑也就失去保护的必要，完整性也大打折扣；真实性则要以呈现完整性为基础，如果传统建筑没有了完整性，真实性也就不复存在。

一、真实性

（一）国际法规对真实性的描述

对于保护传统建筑的真实性，目前学界基本上没有什么争议，然而，对如何保护以及在多大程度上保护其真实性，学者们却见仁见智，争议较大。早在19世纪后半叶，法国以杜克为首的“恢复原状派”和英国以拉斯金为首的“保持现状派”便有过激烈的争论。他们都以各自的主张丰富着传统建筑真实性的表达——前者追求历史上某个时间点的真实性（当然也有很多臆想的成分）；而后者强调整个历史过程的真实性，过分重视传统建筑的史料价值，却忽视了它们可以发挥的经济文化效益。

在各个时期、各种类型的关于传统建筑保护的国际法规中，我们都能发现对真实性的要求。1931年的《关于历史性纪念物修复的雅典宪章》（简称《雅典宪章》）虽未明确提出“真实性”这一概念，却表达了“当由于衰败和破坏使得修复不可避免时，对于任何特定时期的风格，均应当尊重遗迹的历史和艺术的特征”，这表达了人们希望保留古迹的原状而不要过多地加以干预的愿景。之后，国际社会始终将真实性作为文化遗产保护最重要的原则，并将其作为“世界文化遗产”评定的基本标准之一，在各类国际法规中多次提及。例如，1977年的第一届世界遗产委员会规定，申请进入世界遗产名录的文化遗产，必须符合真实性的

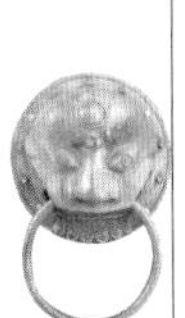

原则。两年后的第三届大会又重申了这一原则："文化遗产的真实性依然是根本的标准。"此后，各版《实施〈世界遗产公约〉的操作指南》一直把真实性作为文化遗产保护的核心内容，与此同时，"真实性"概念也随着世界文化遗产的申报、评选和保护工作，得以在保护领域被大力推广。

值得注意的是，很多早期关于保护文化遗产的国际法规（如宣言、宪章等），其制定标准和使用范围主要是针对西方的以石构为主的建筑，并没有充分考虑以木构为主的东方建筑，因此在实践中难免产生矛盾。如《威尼斯宪章》中的修复原则强调尊重原始材料，但定期更换材料则是亚洲木构建筑的传统特性，以此保持结构的耐久性。如日本神道教最重要的神社——日本伊势神宫，根据它所采用的"造替"制度，每隔20年就要在相邻的基址上对神社进行重建。那么，按照某些文件进行解读，伊势神宫的历史仅有20年。这样的建筑遗产显然不符合世界文化遗产的评定标准，其"真实性"也无法在相关国际文件中得到解释。

为了更好地适应亚洲文化遗产的保护需要，1994年12月，联合国教科文组织世界文化遗产委员会通过了《关于真实性的奈良文件》，与会者围绕《实施〈世界遗产公约〉操作指南》中的"真实性检验"展开广泛讨论并达成了一定的共识，最后在此基础上对"真实性"的概念做出了新的阐释。文件明确提出了文化多样性的重要概念，并强调应重视植根于各自文化环境中的文化遗产的真实性。《关于真实性的奈良文件》在很大程度上是对《威尼斯宪章》的补充和修正，认为"真实性"应充分考虑文化的多样性。

2007年5月28日，东亚地区文物建筑保护理论和实践研讨会通过的《关于北京世界遗产地保护与修复的评价与建议》（简称《北京文件》）也提出了和亚洲文化遗产保护相适应的原则："在可行的条件下，应对延续不断的传统做法予以应有的尊重，比如在有必要对建筑物表面重新进行油饰彩画时。这些原则与东亚地区的文物古迹息息相关。"这份文件是对《关于真实性的奈良文件》的发展和具体应用，其主要目的是为了解决亚洲建筑中彩画修复、木构件替换、传统建筑复原等问题。

以中国为例，中国传统建筑主要为木构建筑，而木材是有机物，容易被腐朽侵蚀，因此采用这种材料修建的房屋就必然会遵循相应的新陈代谢规律。在这些建筑的传统修复中，工作人员常常替换构件和材料，以保持建筑的整体性和传统工艺的延续性。[①] 这一做法也导致中国长期存在“复原”的倾向，即重视建筑的完整性和艺术性，而忽视建筑物的历史信息和历史价值。

总之，目前国际学界对传统建筑保护中的真实性原则没有什么争议，但对如何实现真实性，尚有一定的争议。《中国文物古迹保护准则》（2000）强调：应当“保护现存实物原状与历史信息。修复应当以现存的有价值的实物为主要依据，并必须保存重要事件和重要人物遗留的痕迹”。

（二）国际社会对于真实性的检验

真实性的检验最早以美国的历史性场所的国家登录（National Register）标准为参照。美国历史性场所的国家登录标准为在历史、建筑、考古、工程技术及文化方面有重要意义，在场所（Location）、设计（Design）、周边环境（Setting）、建筑材料（Materials）、工艺技术（Workmanship）、情感（Feeling）、关联性（Association）方面具有完整性的历史地段、古迹、建筑物、构筑物、环境构件（Objects）。

《关于真实性的奈良文件》第十三款也提出了真实性的判断依据：“依据文化遗产的性质及其文化环境，真实性判断会与大量不同类型的信息源的价值相联系。信息源的内容，包括形式与设计、材料与质地、利用与功能、传统与技术、位置与环境、精神与情感以及其他内部因素和外部因素。对这些信息源的使用，应包括一个对被检验的文化遗产就特定的艺术、历史、社会和科学角度的详尽说明。”这一论述后来被《实施〈世界遗产公约〉操作指南》所采用。

关于真实性的具体内容，在《会安草案——亚洲最佳保护范例》（2005）中有更为详细的论述。该文件指出，真实性是一个多维度的集合体。

根据上述文件，我们可将传统建筑保护的真实性原则归结为以下四个方面：

1. 物质形态的真实性

传统建筑是物质的，其结构、材料、平面、空间、装饰、构造都是特定时代的物质遗存。真实性主要体现传统建筑在不同时期的印记。因此，传统建筑的保护，就是保护其承载的历史印记。《威尼斯宪章》（1964）强调：“修复过程是一个高度专业性的工作，其目的旨在保存和展示古迹的美学与历史价值，并以尊重原始材料和确凿文献为依据，一旦出现臆测，必须立即予以停止。此外，即使

① 薛林平. 建筑遗产保护概论[M]. 第二版. 北京：中国建筑工业出版社，2017.

如此，任何不可避免的添加都必须与该建筑的构成有所区别，并且必须要有现代标记。”也即，在传统建筑的修复过程中，尽管存在更换构件、加固修补等无法避免的变化，但必须将其与原有的部分区别开来，不可混淆。

2. 技术工艺的真实性

传统建筑中蕴含的营建思想及技术工艺虽然是无形的存在，但其真实性往往通过建筑的物质形态得以体现。因此，在修缮传统建筑时，应该尽量使用传统的技术和工艺。

3. 环境场所的真实性

传统建筑与其所在的环境场所（人工环境、自然环境）必然发生密切的联系。《威尼斯宪章》（1964）强调：“古迹的保护包含着对一定规模环境的保护。凡传统环境存在的地方必须予以保存，决不允许任何导致改变主体和颜色关系的新建、拆除或改动”；“古迹不能与其所见证的历史和其产生的环境分离”。

4. 社会生活的真实性

这里的社会生活是指在建筑内发生的人类活动，具体表现为重要的历史事件、重要历史人物的活动轨迹、社会生产方式等。从“理想的真实性”看，要保护传统建筑中社会生活的真实性，就必须保护传统的社会生活方式。然而，历史具有不可逆转性，社会毕竟在向前发展，因此，传统建筑永远无法实现严格意义上的社会生活真实性，而只能在一定程度上或以某种替换性方式得以延续。

值得注意的是，传统建筑与社会生活的真实性是一个相对的概念，不存在绝对的真实。建筑的存在过程本身就是真实性不断消亡的过程。建筑只要存在，就需要不断地维修，而每次维修，都必然会使得历史信息或多或少地消失。就算建筑本身的真实性被完全地保留了下来，使用者的生活方式也会发生变化。因此，我们在保护传统建筑的真实性时，既不可漠视历史信息，也不可不切实际地去追求保留全部的历史信息。①

（三）我国对真实性的诠释

“不改变原状”是中国文物古迹保护的主导理念。这一理念和真实性原则既是一脉相承的，也是根本一致的。在《关于〈中国文物古迹保护准则〉若干重要

① 薛林平. 建筑遗产保护概论[M]. 第二版. 北京：中国建筑工业出版社，2017.

问题的阐述》（2000）中，对“不改变文物原状”进行了详细的阐释。

《中华人民共和国文物保护法》（2002）强调：“对不可移动文物进行修缮、保养、迁移，必须遵守不改变文物原状的原则。”《文物保护工程管理办法》（2003）也提到：“文物保护工程必须遵守不改变文物原状的原则全面地保存、延续文物的真实历史信息和价值；按照国际、国内公认的准则，保护文物本体及与之相关的历史、人文和自然环境。”《中国文物古迹保护准则》（2015年修订版）也强调：“不改变原状是文物保护的要义。”

我国在传统建筑的修缮中，经常采用“不改变原状”的方式，即将其复原到建设之初的状态。2005年发布的《关于中国特色文物古建筑保护维修理论》（简称《曲阜宣言》）称：“‘原状’应是文物建筑健康的状况，而不是被破坏、被歪曲和破旧衰败的状况。衰败破旧不是原状，是现状。现状不等于原状。不改变原状不等于不改变现状。对于改变了原状的文物建筑，在条件具备的情况下要尽早恢复原状。”长期以来，我国在传统建筑的保护实践中，倾向于奉行以传统建筑的营建“则例”“法式”为标准的修复原则。

几乎所有的传统建筑在漫长的历史过程中都经历过修缮、重修或重建，并留下了各个时期建筑的痕迹，因此在今天我们很难（也没必要）将其恢复到某一时期的状态。如现存的杭州六和塔，塔身为南宋遗构，塔刹为元代重铸，外部十三层的木檐为清光绪二十六年（1900）重建。可以说，现存的六和塔是各个时期建筑特色的荟萃，虽无法反映其建成之初的状态，但它是真实的。

坚持真实性的原则，就要真实地保护传统建筑在各个历史时期的信息。《威尼斯宪章》（1964）强调：“各个时代为一古迹之建筑物所作的正当贡献必须予以尊重，因为修复的目的不是追求风格的统一。当一座建筑物含有不同时期的重叠作品时，揭示底层只有在特殊情况下，在被去掉的东西价值甚微，而被显示的东西具有很高的历史、考古或美学价值，并且保存完好足以说明这么做的理由时才能证明其具有正当理由。”

二、完整性

“完整性”一词来源于拉丁语，从字面意义理解，完整性指的是尚未被人扰动过的原初状态（Intact and Original Condition）。完整性（Integrity）是传统建筑保护的基本原则之一。在很长时间内，完整性主要作为自然遗产的评估标准，

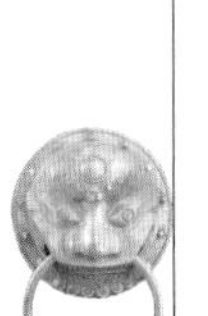

并未在文化遗产领域得到重视。但在不断的传统建筑保护实践中，人们逐渐认识到完整性的重要之处，并将其看成传统建筑保护的基本原则。如今，国际社会发布的很多文件都在强调传统建筑保护中完整性原则的重要性（见表5-1）。

表5-1 相关文件对于完整性的论述①

序号	内容	出处
1	应注意对历史古迹周边地区的保护；在具有艺术和历史价值的纪念物的临近地区，应杜绝设置任何形式的广告和树立有损景观的电杆，不许建设有噪声的工厂和高耸状物	《雅典宪章》（1931）
2	古迹的保护包含着对一定规模环境的保护。凡传统环境存在的地方必须予以保存，决不允许任何导致改变主体和颜色关系的新建、拆除或改动；古迹不能与其所见证的历史和其所产生的环境分离	《威尼斯宪章》（1964）
3	古迹与其周围环境之间由时间和人类所建立起来的和谐极为重要，通常不应受到干扰和毁坏，不应允许通过破坏其周围环境而孤立该古迹；也不应试图将古迹迁移，除非作为处理问题的一个例外方法，并证明这么做的理由是出于紧迫的考虑	《关于在国家一级保护文化和自然遗产的建议》（1972）
4	（1）每一历史地区及其周围环境应从整体上视为一个相互联系的统一体，其协调及特性取决于它的各组成部分的联合，这些组成部分包括人类活动、建筑物、空间结构及周围环境。因此一切有效的组成部分，包括人类活动，无论多么微不足道，都对整体具有不可忽视的意义； （2）历史地区及其周围环境应得到保护，避免因架设电杆、高塔、电线或电话线、安置电视天线及大型广告牌而带来的外观损坏。在已经设置这些装置的地方，应采取适当措施予以拆除。张贴广告、霓虹灯和其他各种广告、商业招牌及人行道与各种街道设备应精心规划并加以控制，以使它们与整体相协调。应特别注意防止各种形式的破坏活动	《内罗毕建议》（1976）
5	在对历史园林或其中任何一部分的维护、保护、修复和重建工作中，必须同时处理其所有的构成特征。把各种处理孤立开来将会损坏其完整性	《佛罗伦萨宪章》（1982）
6	所有申报《世界遗产名录》的遗产必须具有完整性	《实施〈世界遗产〉的操作指南》（2005）

① 薛林平. 建筑遗产保护概论[M]. 北京：中国建筑工业出版社，2013.

续 表

序号	内容	出处
7	不同规模的古建筑、古遗址和历史区域（包括城市、陆地和海上自然景观、遗址线路以及考古遗址），其重要性和独特性在于它们在社会、精神、历史、审美、自然、科学等层面或其他文化层面存在的价值，也在于它们与物质的、视觉的、精神的以及其他文化层面的背景环境之间所产生的重要联系	《西安宣言》（2005）
8	一座文物建筑，它的完整性应定义为与其结构、油饰彩画、屋顶、地面等内在要素的关系，及其与人为环境和/或自然环境的关系。为了保持遗产地的历史完整性，有必要使体现其全部价值所需因素中的相当一部分得到良好的保存，包括建筑物的重要历史积淀层	《北京文件》（2007）
9	建筑遗产的价值不仅体现在其表面，而且还体现在其所有构成作为所处时代特有建筑技术的独特产物的完整性。特别是仅为维持外观而去除内部构件并不符合保护标准	《建筑遗产分析、保护和结构修复原则》（2003）

所谓的完整性，早期是指不仅要保护传统建筑本体，还要保护其整体的环境，注意建筑物和周边自然环境的结合。早在1931年，《雅典宪章》就指出："应注意对历史古迹周边地区的保护。"1964年的《威尼斯宪章》也提道："古迹的保护包含着对一定规模环境的保护。"但是，这些文件中的"古迹"主要指单个的、价值相对较高的纪念物，当时对于那些占地面积较大的历史环境，并没有予以足够重视，所以，这些文件没有认识到"历史环境"作为"整体"存在的重大意义，也并没有对"完整性"做出更详细的解释和说明。

随着人类对"遗产"这一概念认识的深化，"遗产"逐渐被看作是一个动态的、复合的、多维的"整体"，而非静态的、独立的、一元的"对象"，这时，遗产"完整性"的含义已经有了很多扩充，包括社会、功能、结构和视觉等方面的内容。[①] 2005年的《西安宣言》提道："历史建筑、古遗址或历史地区的环境，界定为直接的和扩展的环境，即作为或构成其主要性和独特性的组成部分。除实体和视觉方面的含义外，环境还包括与自然环境之间的相互作用，过去的或现在的社会和精神活动、习俗、传统知识等非物质文化遗产方面的利用或活动，以及其他非物质文化遗产形式，它们创造并形成了环境空间以及当前的、动态的文化、社会和经济背景。"从《雅典宪章》到《威尼斯宪章》再到《西安宣

① 薛林平. 建筑遗产保护概论[M]. 第二版. 北京：中国建筑工业出版社，2017.

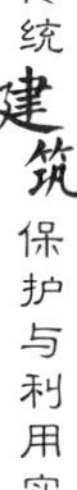

言》，“完整性”的内涵有了很大的扩展。

《实施〈世界遗产公约〉的操作指南》（2005）第八十八条，对“完整性”有如下论述：完整性用来衡量自然和/或文化遗产及其特征的整体性和无缺憾状态。因而，审查遗产完整性就要评估遗产满足以下特征的程度：①包括所有表现其突出的普遍价值的必要因素；②形体上足够大，确保能完整地代表体现遗产价值的特色和过程；③受到发展的负面影响和/或被忽视。上述条件需要在完整性陈述中进行论述。

我国在有关文化遗产的各种文件中，也强调对遗产“整体性”的保护，特别是对文物古迹周边环境的保护。《文物保护法》（2007年修订版）第二十六条规定：“对危害文物保护单位安全、破坏文物保护单位历史风貌的建筑物、构筑物，当地人民政府应当及时调查处理，必要时，对该建筑物、构筑物予以拆迁。”《文物保护法实施条例》（2003）第九条规定：“文物保护单位的保护范围，是指对文物保护单位本体及周围一定范围实施重点保护的区域。文物保护单位的保护范围，应当根据文物保护单位的类别、规模、内容以及周围环境的历史和现实情况合理划定，并在文物保护单位本体之外保持一定的安全距离，确保文物保护单位的真实性和完整性。”

第二节　修缮原则及工程分类

一、修缮原则[①]

（一）坚持安全为主

传统建筑历史悠久，即使是石活构件也不可能完整如初，必定有不同程度的

① 本节内容主要参考了刘大可. 中国古建筑瓦石营法[M]. 北京：中国建筑工业出版社，1993.

风化或走闪。如果以完全恢复原状为修缮原则，不但会花费大量的人力物力财力，还可能破坏传统建筑的文物价值。因此，普查定案时应以建筑是否安全作为修缮的原则之一。这里所说的安全包括两个方面：一是对人是否安全。比如，石栏杆经多年使用后，虽然没有倒塌，表面也比较完好，但如果推、靠或振动时，就可能倒塌伤人。二是主体结构是否安全。与主体结构关系较大的构件出现问题时应予以重视。如石券发生裂缝、过梁断裂等就应立即采取措施，与主体结构安全关系较小的构件出现问题可少修或不修。如踏跺石、阶条石的风化，少量位移、断裂，陡板石的少量位移。有些构件即使与主体结构有关，也应权衡利弊，不要轻易下手。例如，两山条石有些倾斜，如果要想把它重新放平，必须拆下来重新归位，这样山墙底部就有一部分悬空了，反而会对主体结构造成影响。总之，制定修缮方案时应以安全为主，不应轻易以构件表面的新旧程度为修缮的主要依据。

（二）不破坏文物价值

传统建筑的构件本身就有文物价值。任意改换新件可能会破坏其本身的文物价值。传统建筑的修缮应遵循“不改变文物原状”的原则，能粘补加固的尽量粘补加固；能小修的尽量不大修；尽量使用原有构件；以养护为主。

（三）保持风格统一的原则

对于必须修缮的传统建筑，修缮的部位应尽量与原有的风格一致。以石活修缮为例，添配的石料应与原有石料的材质相同，规格相同，色泽相仿。补配的纹样图案应按照原有风格和手法，保持历史风貌统一。

（四）处理造成损坏的根本原因

在修缮传统建筑时如不处理造成损坏的根本原因，那么再多次的修缮工作也只是“治标不治本”。因此，在普查定案时，应仔细观察，认真分析，找出根源。如果构件损坏不严重或无安全问题，甚至可以只找原因而不做什么处理。常见的造成传统建筑损坏的原因有：地下水（包括管道漏水）对基础和墙体的破坏；潮气对砌体的侵蚀；雨水渗人造成的破坏；树根对砌体的损坏；潮湿和漏雨对柱根、枪头糟朽的影响；屋面渗漏对木构架的破坏；墙的顶部漏雨可能造成的墙体倒塌等。

（五）以预防为主

在修缮过程中应注意采取一些前置性措施，预防损坏的产生或加剧。以屋顶修缮为例。屋顶是保护传统建筑内部构件的主要部分，只要屋顶不漏雨，木架就不容易糟朽。因此，经常对屋顶进行保养和维修，可以大大降低传统建筑遭到严重破坏的风险。

（六）尽量利用旧料

利用旧料既可以节省大量经费，还能保留原有建筑的时代特征。因此，在修缮时，应尽量利用旧料。

二、修缮工程分类[①]

根据《中华人民共和国文物保护法》的要求，《古建筑木结构维护与加固技术规范》（GB 50165—92）将传统建筑（文件中用“古建筑”）的修缮工程分为五类：经常性的保养工程、重点维修工程、局部复原工程、迁建工程和抢险性工程。

（一）经常性的保养工程

经常性的保养工程，是指不改动传统建筑的现存结构、外貌、装饰、色彩而进行的经常性保养维护，是使传统建筑延年益寿的重要方法。

在漫长的历史过程中，因各种自然和人为因素，传统建筑会出现各种复杂的险情，而经常性的保养工程可使传统建筑保持健康状态，从而减少大型修缮。经常性保养工程的内容十分丰富，包括：屋面除草勾抿，清除瓦顶污垢，更换残损瓦件，局部揭瓦补漏；检查构件的自然裂隙，减少风力和污土的浸蚀污染；对因狂风暴雨、地震等强外力干扰而出现问题的梁、柱、墙壁等进行临时性简易支撑；修补和添配门窗；检修防潮、防腐、防虫措施；疏通排水设施，清除庭院污土污物，保持排水畅通；安装防火、防雷装置，砌筑围墙，强化安全防护和保卫等。对传统建筑进行经常性的保养维修工程，可以保持建筑较长时间不塌不漏，延长建筑寿命。

① 薛林平. 建筑遗产保护概论[M]. 北京：中国建筑工业出版社，2013.

（二）重点维修工程

重点维修工程是一种比较彻底的维修工程，多指以结构加固处理为主的大型维修活动。重点维修工程通过结构加固、归安等保护性处理，以保存传统建筑现状或局部恢复其原状。目前，重点维护工程比较普遍，根据维修内容（包括打牮拨正）进行局部或全部的落架大修或更换构件等。

（三）局部复原工程

传统建筑修缮中的局部复原，是指按原样恢复已残损的结构，同时改正历代修缮中有损原状以及不合理增添或去除的部分，是相对比较彻底的一种修缮工程。局部复原必须以保护传统建筑原貌为前提，以不改变文物原状为基准，不仅要恢复残毁构件，而且要将历代整修中的错误做法纠正过来，恢复到它建造时期的面貌。

复原工作必须要有科学的依据，而最好的依据就是建筑物自身。修缮工作者在取得科学依据后要认真分析研究，然后才能着手修缮。如在脊兽的复原时，最好找到本建筑的依据，其次是在同一寺庙或同一建筑群中找依据，如果这两方面都不具备可行性，可参照附近同类建筑上的脊兽进行复原。对复原风格的时代要求，则应与建筑的整体构造和主要结构的时代相一致，或与历史上较大的重修后所形成的风格协调。

（四）迁建工程

迁建工程是指由于种种原因，将传统建筑全部拆迁至新址，重建基础，用原材料、原构件按原样建造的传统建筑修缮工程。

一般情况下，传统建筑修缮要尽可能保护其背景和环境，但由于国家大型建设需要或地质变化、水土流失等不可抗拒因素，传统建筑不能原地保存时，只得进行迁移保护。

（五）抢险性工程

抢险性工程，多指在面对不好的预测和没有预测余地的状况下所采取的修缮措施。如传统建筑因狂风、暴雨、地震、基础渗水等强外力侵扰，将发生倾斜、扭闪、裂缝、翼角塌陷等严重险情，但又因经济、技术、物资等条件还不成熟，或者即使是条件成熟，但还需要进行测量、绘图、制定方案、审批等工作，一时不能进行修缮或复原工程时，所采取的临时性抢险工程，以保证传统建筑不发生严重的损毁。抢险性工程除应保障建筑物安全、控制残损点的继续发展外，还应保证所采取的措施不妨碍日后的彻底维修。

抢险性工程包括抢险支撑和抢险加固。在抢险支撑工程中，支撑方法和支撑位置的选择十分重要。在原则上支撑点的位置要避开建筑构件的剪力点、脆弱点等护应力较为集中的地方。抢险加固工程是为保障传统建筑基址不受侵害，特别是防止水土流失和水患而进行的。抢险加固即对建筑基址发生损坏的地方采取干预措施，以达到保护传统建筑本体安全的目的。

我国地大物博，又是多民族国家，因此，不论是传统建筑的修建工艺，还是其外在形式，各地之间都存在很大的差异。受此影响，我国传统建筑的修缮技术也相当多样，关于此方面的情况，具体可参考刘大可的《中国古建筑瓦石营法》、薛林平的《建筑遗产保护概论》、杜先洲的《中国古建筑修缮技术》等相关书籍。

第三节　传统建筑保护与修缮实践案例

一、北京故宫太和殿维修工程

（一）简介

太和殿始建成于明永乐十八年（1420），此后数次因毁于火灾而重建，现存太和殿是清康熙三十六年（1697）重建后的形制。太和殿俗称“金銮殿”，位于紫禁城中轴线上最显要的位置，是我国现存体量最大、等级最高的古代建筑物。太和殿台基东西宽64米，南北深37.2米，面阔九间，东西夹室各一间，进深五间，殿高27米（台基下皮至正脊上皮），建筑面积2381.44平方米，单层砖木结构，二样黄琉璃瓦重檐庑殿顶。自康熙三十六年重建后，太和殿历经多次维修，但全面、深入、细致、大规模的保护维修工程则始于2006年。[①] 本书将简要介绍2006年至2008年太和殿维修工程。

（二）受损情况分析

2006年前，太和殿主体结构（包括基础、大木、墙体、屋顶）虽基本稳定，但在大木构架、斗、装修、彩画、台基地面、墙体墙面、屋顶瓦面等方面均存在不同程度的残损、变形及各种安全隐患，因此，在2006年启动的这次维修工程中，其主要性质为现状维修和加固防护，即对建筑进行整体保护和全面维修，恢复外檐彩画的历史原貌，保持该建筑完整和健康的状态。[②]

根据故宫博物院古建部太和殿项目组提供的资料，太和殿的受损情况如下：太和殿东、西三次间正身顺梁两端与童柱上皮存在10厘米的落差，固定童柱与顺梁的铁件已发生变形、脱落。顺梁与童柱卯榫节点破坏，但梁架整体保存基本完好，未出现明显的糟朽或变形。顺梁与童柱顶部的卯榫节点已产生局部破坏，其中榫头下沉10厘米，显示了该卯榫节点属燕尾榫[③]。

一般说来，传统建筑屋面的苫背是由护板灰、泥背、灰背共同组成的。太和殿苫背的特殊之处是没有泥背层，而是由护板灰和两层白麻刀灰背组成，即纯白灰背。在这次修缮中，工作人员经过现场勘察，发现太和殿大部分灰背保存完好，局部存在不同程度损伤，檐口25度区有较大面积空鼓脱离，情况比较严重。另外，虽然屋顶望板大部分保存较好，但个别区段的涩脚条（望板压缝条）已经糟朽，不能再发挥原有作用，需更换新构件。[④]

① 王俪颖. 故宫太和殿维修工程施工纪实（2006—2008年）[J]. 古建园林技术，2009（3）：31—37；王俪颖. 故宫太和殿维修工程施工纪实（2006—2008年）（二）[J]. 古建园林技术，2009（04）：41-47.

② 王俪颖. 故宫太和殿维修工程施工纪实（2006—2008年）[J]. 古建园林技术，2009（3）：31—37；王俪颖. 故宫太和殿维修工程施工纪实（2006—2008年）（二）[J]. 古建园林技术，2009（04）：41-47.

③ 石志敏，周乾，晋宏逵，张学芹. 故宫太和殿木构件现状分析及加固方法研究[J]. 文物保护与考古科学，2009，21（01）：15-21.

④ 曹晓丽，李德山，王丹毅，高甜. 故宫太和殿的灰背加固保护维修[J]. 古建园林技术，2009（03）：39-41、88.

（三）维修方案

1. 大木加固

专家组在认真研究分析后认为，太和殿童柱下沉是山面荷载过重，使顺梁榫头受压损变形导致的。为确保顺梁及其以上结构的安全稳定，防止已经变形的顺梁榫头发生突变，专家组决定在此次维修中以不扰动相关构造为原则，仅对四根顺梁附加支顶，两山扶柁木亦保持原状①。

2. 屋面维修

太和殿的屋面为黄琉璃重檐庑殿顶，上层屋面面积2400平方米，下层1266.43平方米，共计3666.43平方米，是我国古代建筑屋顶中规格最高的。根据设计部门的前期勘察，修缮组发现太和殿屋面瓦顶捉节灰、夹垄灰部分开裂脱落，瓦件、脊兽件脱釉现象严重，鎏金铜制吻锁、吻链、瓦钉脱金的现象也较为严重，而且上层檐山面瓦垄数量不一，局部瓦面有塌陷现象。根据维修方案，工作人员将太和殿瓦顶全部揭瓦至灰背；对琉璃构件进行清洗、黏结；补配缺失铜瓦钉，对铜构件重新镀金等；而灰背、望板等处理方法，则根据具体情况而确定②。

3. 灰背加固保护

在传统建筑的修缮中，十分注重对传统施工工艺的应用。太和殿灰背构造层共由三部分组成，自下而上为防护层、护板灰和白麻刀灰背。施工时，首先在望板上刷一遍由面粉、桐油和生石灰水按一定比例调制的净油满，防止望板糟朽。防护层干燥后，再抹上由生石灰、江米浆和桐油调制的护板灰，它是屋顶重要的防水措施。待护板灰干透后，就开始苫白麻刀灰背，这层灰背不仅丰富了建筑屋面的曲线，而且具有保温和防水的功能。苫背时，为了避免灰背层过厚造成干燥时收缩的不均匀而产生伸缩裂缝，需分为两道工序。在施工中，需根据不同部位的垫囊厚度，铺苫5厘米左右并赶轧坚实，待干燥至七成时再苫下层。屋脊扎肩时，前后坡搭麻辫，间距约60厘米，要趁灰背较软时将麻均匀地散搭在灰背上，然后进行“轧背”。苫背完成之后要进行“晾背”（晾晒时间根据天气干燥程度而定，一般为半

① 王俪颖. 故宫太和殿维修工程施工纪实（2006—2008年）[J]. 古建园林技术，2009（3）：31—37；王俪颖. 故宫太和殿维修工程施工纪实（2006—2008年）（二）[J]. 古建园林技术，2009（04）：41-47.

② 王俪颖. 故宫太和殿维修工程施工纪实（2006—2008年）[J]. 古建园林技术，2009（3）：31—37；王俪颖. 故宫太和殿维修工程施工纪实（2006—2008年）（二）[J]. 古建园林技术，2009（04）：41-47.

个月至一个月），这是一道非常重要的工序。灰背的养护方法也较为讲究，用草帘铺在灰背上，并使草帘经常保持湿润，从而充分提高灰背的强度。①

二、北京天坛祈年殿传统建筑群修缮工程②

天坛始建于明永乐十八年（1420），为明清两朝皇帝祭天的场所。天坛的主体建筑有祈年殿、皇穹宇、圜丘坛等，是我国现存精美的传统建筑群之一。历史上，祈年殿曾经历过三次重大的重建或修缮。

第一次在光绪十五年（1889）启动，其时祈年殿遭雷击而被焚毁。由于清政府未找到当年修建时的图纸，导致重建工作停滞了两年多时间，其后在一位参与过祈年殿修缮的老工匠的指导下，整个工程才得以推进，并于光绪二十二年（1896）竣工。重建后的祈年殿与旧殿形制相同，并采用了以前的工艺手法，基本恢复了旧殿原貌。不过，据专家研究，重建后的祈年殿直径略比重建前的大。

祈年殿的第二次修缮是在北平政府的主持下完成的。由于年久失修，祈年殿出现了不同程度的损毁，1935年北平政府遂组织人员对祈年殿进行了一次大修。其具体工作是在北平旧都文物整理实施处的指导下完成的。这次修缮是采用招标的形式，最后选中了包括著名建筑学家梁思成在内的营造学社所提出的修缮公案。该方案主张在不改变整体结构的前提下，对祈年殿出现漏洞的殿顶进行修补，并对壁画油漆进行了维护及局部重做。此后的小修小补一直在进行着，直至抗日战争全面爆发后才被迫停止。

祈年殿的第三次修缮是新中国成立后的几次落架大修，这是一个延续性的修缮工程。1971年，在北京市政府的主持下，相关部门完成了对祈年殿三层屋顶的挑顶工作，即将部分破损旧瓦用新瓦替换（新瓦完全采用旧瓦的烧制工艺制成），同时，更换了雷台柱，对祈年殿宝顶重新镏金，对殿内的大梁进行加固，将松动的斗拱恢复原状，并对全部的油漆彩画进行了修缮，并将祈年殿院内的金砖换为方形水泥砖。整个修缮耗时100天，基本奠定了祈年殿今天的风貌。

20世纪90年代，天坛公园启动了“申遗”工作，并于1998年成功地被纳入“世界文化遗产”。此后，天坛从公园建设转为文化建设，并推动了一系列的

① 曹晓丽，李德山，王丹毅，高甜. 故宫太和殿的灰背加固保护维修[J]. 古建园林技术，2009（03）：39-41、88.

② 崔勇. 1935年天坛修缮纪闻[J]. 建筑创作，2006（04）：168-171.

文物修缮工程。在“保护文物古建筑原貌，不破坏文物价值、与原有规格保持一致、保存历史文化信息、尽量恢复历史原貌和风格”的原则下，天坛公园开始对整个祈年殿院落进行大修。截至目前，天坛公园历经20余年的文化遗产修缮工程已经完成，现存建筑几乎全部得到了修缮，并逐步恢复了历史原貌（图5-1）。

图5-1　天坛祈年殿现状（郑颖摄）

这次修缮工程的主要内容如下。

1. 换砖

用“金砖”替换祈年殿三层坛面的混凝土方砖，而祈年殿院内的地面则以城砖进行替换。这里所说的“金砖”为过去皇家建筑的专用材料，产地为江苏太湖。

2. 重新油饰外檐

重新油饰祈年殿外檐上的彩绘是本次修缮工程的第二项主要内容。在20世纪70年代对祈年殿进行大修时，曾对外檐彩绘重新进行过油饰，但由于油漆材料本身存在着一些缺陷，无法使外檐彩绘常年如新，当时已出现开裂和空鼓。

本次修缮要将外檐上的现有彩绘全部剥脱，露出原木，并在此基础上重绘。修缮时，彩绘专业人员先用麻等材料制成地仗（彩绘载体），再用人工熬制的桐油对外檐进行油饰，采用这种工艺制作的彩绘，其生命周期可达几十年甚至几百年。

3. 宝顶镏金

据文物专家介绍，祈年殿宝顶由于常年受风雨侵蚀，很多地方已氧化变黑，因此，工作人员先用醋酸等弱酸试剂对宝顶上的锈斑进行清洗。清洗后宝顶镏金完好的部分就保持原样，被腐蚀的部分则需要重新镏金。

4. 栏杆修补或调换

祈年殿院内的汉白玉栏杆等石件的防护，也被纳入修缮工程。台阶、汉白玉栏板、望柱，有破损者进行局部修补或调换。

三、成都武侯祠灾后修复工程

（一）简介

成都武侯祠（图5-2）既是全国唯一的君臣合祀祠庙，同时也是颇具影响力的三国遗迹博物馆。武侯祠占地面积约为15万平方米，由三国历史遗迹区（图5-3）、刘湘陵园为主体的西区以及锦里民俗区三部分组成。2007年7月，国家文物局批复《成都武侯祠文物保护规划》，孔明殿院落被划定为“核心文物保护区”，孔明殿院落由过厅（图5-4）、东厢房、西厢房、钟楼、鼓楼、孔明殿、三义厅（图5-5）等建筑围合而成，总建筑面积为1588平方米。武侯祠历代的保护和修缮工作都有记载，在多次的修缮工程中，2008年汶川大地震之后的灾后修

图5-2　成都武侯祠景区大门（作者自摄）

图5-3　三国历史遗迹区（作者自摄）

图5-4　成都武侯祠过厅（作者自摄）

图5-5　成都武侯祠三义厅（作者自摄）

复工程意义最为重要，难度也较大。

（二）受损情况分析

汶川大地震对武侯祠传统建筑造成了一定破坏，孔明殿屋脊中堆灰塑因此断裂；殿北面廊间的其中一根随檩枋榫头断裂并且掉落；钟楼古钟挂梁发生纵裂。在之后的余震当中，钟楼、鼓楼翼角断裂、脊饰脱落、檐上瓦垄下滑，同时过厅排架也发生倾斜。

（三）维修方案

为了满足游客参观的需要，武侯祠的灾后修复工程采取开放性施工的办法，通过防护材料将孔明殿大梁以上部分和游客活动区域完全隔离开来，做到边开放、边施工。

在对屋面的修复中，工作人员先对拆卸下来的瓦件的规格、型号进行统计，对瓦件的泥土含沙率、瓦窑密闭性和成品硬度、密度等进行分析，最后确定了一家位于成都东郊且保留着传统制瓦工艺的企业制作补配瓦件。瓦垄用瓦钉固定。修复中所采用瓦钉也由传统工艺铸造，产品规格统一。这种瓦钉虽然会出现一些表面的锈蚀，但内部坚固耐用，是理想的修复材料。

“泼灰”是一种大量用于筒瓦裹垄、灰塑、编壁墙等视觉效果较为明显的部位的修复材料。将生石灰与草筋泥搅拌后，在自然条件下充分氧化，便能形成黏性强、强度高的“泼灰”。

修复中使用的锤灰，亦严格按照传统灰塑材料的配比和工艺拌和锤制。拌和锤灰的泼灰必须经过闷制，待完全熟化后方可用作锤灰原料。

孔明殿、钟楼、鼓楼的屋面脊饰具有显著的地方特色。为了保护和传承这种独特的地方建筑文化，相关部门特别邀请了都江堰传统灰塑世家的资深匠人对脊饰款式、材料配比、做法等进行了分析和研究，并在此基础上编写技术材料“交底”。在修复中，工作人员对屋面脊饰的所有灰塑均绘制了大样图，并制作了三套样品进行效果对比，择优采用①。

四、都江堰二王庙灾后重建工程

（一）简介

东汉时，蜀人为纪念杜宇而在都江堰兴建望帝祠。南朝齐明帝建武年间（494—498），益州刺史刘季连迁望帝祠于郫县（今成都市郫都区），将原址改建为祭祀李冰父子的崇德庙，其后又先后更名为江渎庙、李公庙、秦太守李公祠、真常道院、川主庙、显英王庙、二王宫等。清雍正五年（1727）四川巡抚宪德将其称为二王庙，乾隆时人们又称其为二郎庙。如今二王庙不仅是一座纪念都江堰开创者李冰父子的庙宇，也是一个以其为核心的开放式的风景园林景区，具有较高的建筑艺术价值。②

二王庙位于“世界文化遗产”都江堰的核心区（图5-6），现存建筑系晚清和民国时期建造，占地面积10200平方米，建筑面积6050平方米。建筑依山势布局，具有浓厚的川西民居风格特征（图5-7）。沿玉垒山石道上行，依次为乐楼、灌澜亭、灵官殿、大照壁、山门（戏台）、李冰殿、二郎殿，往后右行是铁龙殿及食宿区，左行则为堰功堂、圣母殿、老君殿及新建之后山门。二王庙是都江堰堰首水利工程历史遗存体系中的重要组成部分，随其他水利工程和相关文物古迹一同被列为全国重点文物保护单位，并于2000年被列入世界遗产名录。③

① 谢辉，梅铮铮. 成都武侯祠的历史沿革与保护发展[J]. 中国文化遗产，2016（06）：4-10.

② 刘庭风. 巴蜀园林欣赏（十）：二王庙[J]. 园林，2008（10）：28-30.

③ 周莹. 灾后文物重建问题研究——以都江堰二王庙文物保护工作为例[D]. 成都：西南交通大学硕士学位论文，2011.

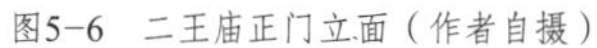

图5-6　二王庙正门立面（作者自摄）

图5-7　二王庙鸟瞰图（作者自摄）

（二）受损情况分析

都江堰二王庙是世界文化遗产“都江堰—青城山”的标志性传统建筑群，在汶川大地震中几乎所有建筑都受到损坏甚至完全倒塌，传统建筑群所在山体出现巨大裂缝。可以说，二王庙是汶川大地震中，受损最严重、文物等级最高的传统建筑群[①]。其受损情况如下。

首先，大量雕塑、碑刻、钟鼎、楹联、匾额等分布于二王庙各个建筑内外的附属文物被掩埋于废墟中，急需清理和保护。

其次，主要单体建筑受损严重。二王庙所有单体建筑均在地震中受到不同程度的损害，工作人员在现场勘察时曾依据各建筑主体结构的保存状况将其分为如下四类：①完全消失的建筑和构筑物，包括戏楼及东西配楼、东西字库、东客房、大照壁、六字决壁等。②部分坍塌或整体结构即将坍塌的建筑，包括老君殿、疏江亭及位于后山山门区域的建筑。③主体结构明显变形，危险程度不同的建筑，包括祖堂、文物陈列馆、二王庙陈列馆、上西山门、灵官殿、丁公祠、铁龙殿、堰功堂、珍珠楼及部分新建建筑。④主体结构保存基本完好，但构件损坏严重的建筑，包括乐楼、秦堰楼、李冰纪念馆、膳堂等新建混合结构建筑。

最后，汶川大地震引发的局部山体滑坡使得二王庙原有地形地貌受到影响，区域内植被遭到破坏。随着建筑物的坍塌，大量建筑材料的倾泻、散落对自然环境造成了严重破坏。此外，景区道路与排水设施也受到不同程度的破坏。

① 朱宇华，吕舟，魏青. 文物建筑工程灾后紧急响应工作初探——以“5·12”地震二王庙灾后抢险清理工程为例[J]. 古建园林技术，2010（04）：15-20、82-83.

（三）重建方案

由于二王庙属于在地震中遭受严重损毁的传统建筑，因此，工作人员认真贯彻“保护为主，抢救第一，合理利用，加强管理”的文物保护方针，精心规划其维修方案。按照《中华人民共和国文物保护法》中对于文物修复的相关规定，按照“原形制、原结构、原材料、原工艺技术”的要求对传统建筑进行修复和重建，并且注意提高抗震防震的技术含量。① 总之，工作人员严格遵循“不改变文物原状”的修缮原则，最大程度真实、完整地保护了其原有的历史信息。②

1. 对二王庙建筑群的保护修缮

工作人员对二王庙建筑群的保护修缮主要包括以下五方面的内容：临时遮护、收集清理散落构件、临时支撑、落架拆除、附属文物保护等（见表5–2）。③

表5–2　对二王庙建筑群的保护修缮④

措施	对象	具体内容	相关要求
临时遮护	屋面破损严重的建筑，上空存在险情的区域	采用防水坚固的材料进行遮护。必要时搭设结构支撑	应满足防水、防漏等要求，并具有一定的防护力，注意檐下雨水疏导，遮护结构和做法不能对原结构形成危害
收集清理散落构件	建筑结构稳定，局部非承重结构残损垮塌或瓦面散落等易于进行归位处理的部位	重新捡瓦整理、清除危墙，排除建筑残留瓦件、残墙等险情，重要构件进行分类编号，明确堆放区域	清理之前做好记录工作，清理过程中应尽量不破坏原有建筑构件，同时注意对新发现的隐藏于结构内部的历史信息做好档案记录工作。编号要求同构件清理
临时支撑	结构不稳定的建筑或部位	对结构不稳的建筑墙体、屋檐或发生错动的构筑物，护坡坎墙等进行临时支撑、加固	支撑应保障建筑物及工作人员安全，注意支护物与文物本体接触点的防护，避免伤害文物本体。支护体系还应考虑尽可能不干扰周边作业空间

① 罗哲文. 灾后文物修复和重建应遵循的原则[J]. 城乡建设，2008（07）：49–50.
② 朱宇华，吕舟，魏青. 文物建筑工程灾后紧急响应工作初探——以“5·12”地震二王庙灾后抢险清理工程为例[J]. 古建园林技术，2010（04）：15–20+82–83.
③ 朱宇华，吕舟，魏青. 文物建筑工程灾后紧急响应工作初探——以“5·12”地震二王庙灾后抢险清理工程为例[J]. 古建园林技术，2010（04）：15–20+82–83.
④ 朱宇华，吕舟，魏青. 文物建筑工程灾后紧急响应工作初探——以“5·12”地震二王庙灾后抢险清理工程为例[J]. 古建园林技术，2010（04）：15–20、82–83.

续 表

措 施	对 象	具体内容	相关要求
落架拆除	有垮塌危险的建筑结构	部分或全部拆除危险的建筑结构部分	拆解前应做好现场记录工作。按照构件清理的要求处理拆除构件。局部拆解的拆解后应对未拆解部分做相应的防护工作
附属文物防护	所有匾额楹联、塑像、钟鼎、碑刻石像	根据已有文物清单，将所有附属文物、馆藏文物迁出。并在集中区域进行存放。对难以搬迁的文物要设置防护罩	移动之前应做好记录工作。搬迁过程中应注意文物安全，注意建筑分部位分类别存放，注意存放区域的防潮、防火、防盗问题

2. 对文化保护区伴生环境的保护

在汶川大地震中，二王庙区域所在的山体受到损伤，因此在对二王庙基址进行加固的工作中，工作人员充分考虑二王庙古建筑群的安全性，对二王庙区域的滑坡山体采取根治措施，对现有地面排水系统进行恢复，加强维护管理，有效减少坡面径流的冲刷及入渗对山体的影响；对受灾严重的脆弱地段应督促有关部门负责加固防护；地质加固后仍需要建立长期的监测机制，对二王庙区域的地质地貌变化进行分析研究。从目前来看，现有的修复、加固工程已兼顾到了以上几点，成效十分明显。①

五、峨眉山大庙飞来殿维修工程

（一）简介

峨眉山大庙飞来殿位于峨眉山市北郊的飞来岗上。飞来殿原名东岳庙，殿内原祀东岳大帝，到了明代万历年间，大殿内开始供奉佛像，故当时人又称此殿为峨山庙②。峨眉山大庙主要由山门、毗卢殿、观音殿、九蟒殿、香殿、飞来殿等建筑组成，整个建筑群依山而建，气势恢宏。殿内道释共处，杂神群祀，是“峨眉山—乐山大佛”世界自然与文化遗产的重要组成部分。该建筑群始建于唐，历经宋、元、明、清四代维修，集数代建筑精华于一体，因此被誉为“自然形成的

① 周莹. 灾后文物重建问题研究——以都江堰二王庙文物保护工作为例[D]. 成都：西南交通大学硕士学位论文，2011.

② 马燕萍. 峨眉山麓飞来殿[J]. 文史杂志，2006（03）：40-41.

中国古建筑博物馆”[①]（图5-8、图5-9、图5-10）。

图5-8 飞来殿入口空间（作者自摄）

图5-9 飞来殿立面（作者自摄）

图5-10 飞来殿檐下空间（作者自摄）

（二）受损情况分析

2008年汶川大地震后，飞来殿建筑群部分建筑受损严重，屋面青瓦滑落，风火墙倒塌，围墙断裂，部分地带有滑坡现象。地方政府虽采取了紧急措施对受损建筑进行了修补，但是对围墙外的伴生环境却相对忽视，故只能算是“殿内保护”。因此，将飞来殿纳入整个生态环境中进行深度保护，就显得特别重要。下面先简要介绍其在深度保护前的受损情况。

① 江久文. 文物建筑的本体与母体保护——以峨眉山大庙飞来殿为例[J]. 中外文化与文论，2009（02）：54-59.

1. 台基

飞来殿台基高220厘米，从台基的截面看，其分为四层，下层是原生土。第一层的厚度为59厘米，由条石堆垒；第二层的厚度为20厘米，由直径4至6厘米的木炭堆砌而成；第三层的厚度为117厘米，厚而密实，是台基的主要抗压层；第四层的厚度为24厘米，乃填土层。殿堂长时间漏雨，组成台基的石条垮塌，这导致基础发生了不均匀的下沉和扭曲歪闪，经现场水准仪测量，每根柱子都有倾斜、歪闪、下沉现象。①

2. 立柱

飞来殿共有24根柱子，四周的檐柱大多被风雨侵蚀，其表面老化龟裂，经过现场测量，每根柱子都有偏移的情况。

3. 斗拱

飞来殿内有斗拱38朵，包括4朵转角铺作，12朵柱头铺作，22朵补间铺作。香殿总共有24朵斗拱，檐下柱斗铺作斗拱有6朵，转角铺作斗拱有4朵，补间铺作斗拱有14朵。②两殿的斗拱因受到雨水侵蚀，都存在不同程度的腐朽，构件的腐朽率达20%，需进行配修的构件约占30%。

4. 普柏枋、阑额、椽栿

飞来殿普柏枋两侧起线，至角柱相交出头，制成海棠形。香殿柏枋两侧抹角起线。阑额是立柱间组合成框架结构的重要联系构件，粘面用材较大，明间前檐阑额790厘米，被白蚁蛀空者有350厘米×50厘米×20厘米，其余保存较好。椽栿，飞来殿排架四组，由四椽栿、蜀柱、平梁、叉手等组合而成，明间北排架四椽栿搭头开裂的情况最为严重。③

5. 屋面部分

飞来殿为单檐歇山式，此次工作人员在屋面的小青瓦上发现有“康熙”等字迹，显然在清早期经过拆换。在整治台基堡坎时，工作人员发现一面瓦当，从样式看应属于元代早期的形制。④

① 王小灵. 峨眉山市元代古建筑飞来殿落架维修及香殿搬迁工程[C]//. 中国文物保护技术协会第三次学术年会论文集，2004：19-25.

② 王小灵. 峨眉山市元代古建筑飞来殿落架维修及香殿搬迁工程[C]//. 中国文物保护技术协会第三次学术年会论文集，2004：19-25.

③ 王小灵. 峨眉山市元代古建筑飞来殿落架维修及香殿搬迁工程[C]//. 中国文物保护技术协会第三次学术年会论文集，2004：19-25.

④ 王小灵. 峨眉山市元代古建筑飞来殿落架维修及香殿搬迁工程[J]. 四川文物，2002（02）：80-84.

（三）维修方案

根据《中华人民共和国文物保护法》："核定为文物保护单位的革命遗址、纪念建筑物、古墓葬、古建筑、石窑寺、石刻等（包括建筑物的附属物），在进行修缮、保养、迁移的时候，必须遵守不改变文物原状的原则。"1984年，在国家文物局和四川省文化厅的关怀下，对飞来殿进行了一次大的维护，并对香殿实施了整体搬迁。如今，按照最新的文物保护法规，则应将香殿搬迁到原来的位置，恢复飞来殿前的拜台空间。因此，针对飞来殿的实际受损情况和香殿的搬迁需要，相关部门制定了如下方案：

（1）首先对殿堂进行测量和制图两项工作。

（2）对殿堂各部构件的名称和位置进行分类钉牌及编号，由于斗拱构件的种类多，所以尤其要突出对斗拱的落架编号，如飞来殿外檐就有38朵斗拱，每朵又由35个构件组成，只是这一项就有1330个构件，如果出现混杂或错位的情况，将会对复原工作带来极大的困难。

（3）根据抬梁式建筑建造的特点和梁枋的榫卯关系，落架的顺序，必须从屋面榑椽开始，自上而下层层拆落，落架时还必须注意以下事项：①在拆架每个构件的榫卯时应保证其完整无损，绝不能有用锯、斧去锯斫榫卯的现象。②应将拆下来的各个构件按类别分别存放于现场工棚内。③严防各构件被雨水侵蚀和太阳暴晒。

（4）对腐朽、损坏的各构件应进行挖补、粘接、配制。与此同时，应采用高分子材料对各残损构件进行灌浆粘补。

（5）应加固飞来殿的殿基基础和台基堡坎。飞来殿台基堡坎是由30cm × 30cm × 100cm的红砂石条垒砌，500#的水泥砂浆进行填缝，堡坎基深度为60cm，它的下面用Φ30 ~ Φ60cm的砾石作基，上面砌六层石条，柱基的深度为50cm，100cm × 100cm × 100cm，至原生土层，坑底用以20 ~ Φ40cm的铄石作为基础，高度为40cm，其上部砌30厘cm × 30cm × 100cm的两层条石（运用交缝叠砌法），同时用500#的水泥砂浆来填缝。柱础用水准仪进行操平定位。在柱位间，用单道石条联接，以便砌筑殿身墙体。

（6）打牮拨正。在屋面的瓦件和榑椽落架后进行飞来殿的打牮拨正工作。"打牮"即将下沉的立柱抬平，"拨正"即将倾斜、歪闪、扭曲的构件归正。在实际操作中，二者不可分割，因而称作"打牮拨正"。由于木结构建筑系框架结

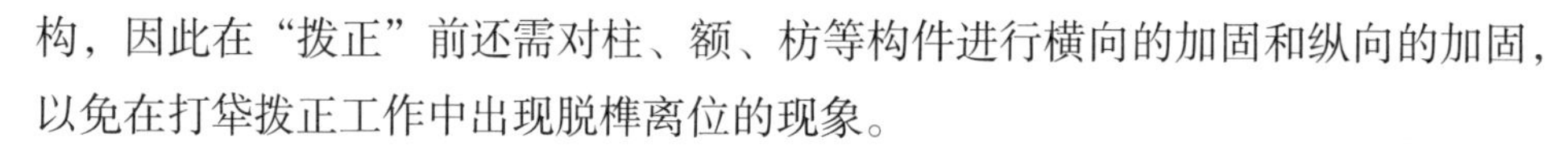

构，因此在“拨正”前还需对柱、额、枋等构件进行横向的加固和纵向的加固，以免在打牮拨正工作中出现脱榫离位的现象。

（7）构件安装。应遵循抬梁式木结构建筑的安装顺序，即自下而上，层层安装组合。①

六、苏州虎丘塔加固修缮工程

（一）简介

虎丘塔原名云岩寺塔，是现存宋塔中年代较早、规模宏伟、结构精巧的砖塔。因该塔坐落在苏州虎丘山岭，故俗称虎丘塔，现已成为苏州市的地标建筑。1961年，虎丘塔被国务院列为第一批全国文物保护单位。该塔始建于五代末期的后周显德六年（959），建成于北宋初期的建隆二年（961年），是我国现存最古老的砖塔②，该塔的形制较为充分地体现了唐宋时代的建筑风格和艺术手法。

（二）受损情况分析

虎丘塔是一座七层八边形仿木造的楼阁式砖塔。砖砌体用的黏结料为黏土砂浆（黄泥），灰缝虽较厚，但因多年处于重心偏离后的受压状态，已被压得厚薄不均了。

虎丘塔每层均设有腰檐平座，供人观光苏州市区的美景。塔高实测为47.68米（从埋置的测量钢头至塔顶的避雷针根部）。八边形塔身的南北向对边距离与东西向对边距离不等，这是由于多年不均匀沉降使北面砖墩在裂开后导致塔身北移造成的。塔身自重约为6100吨，全塔由十二个独立的实心砖墩支撑，分别由外八墩内四墩组成，为筒中筒的结构形式。每墩面积约为2米×3米，各层砌有砖楼板，约2米厚，浑然一体。每层设有回廊木栏及十字通道，互相连通。底层塔檐宽大，自二层起逐层微收，翼角反翘，外形优美，塔刹高大，挺拔秀丽，为金属制品，今已不存。明崇祯十一年（1638）由于塔身倾斜，损坏严重，曾将第七层拆除重砌。在重砌时，工匠将其砌成实心塔顶，并有意识地将其向南面倾移，

① 王小灵. 峨眉山市元代古建筑飞来殿落架维修及香殿搬迁工程[J]. 四川文物，2002（02）：80-84.

② 陶逸钟. 苏州虎丘塔——中国斜塔的加固修缮工程. 建筑结构学报，1987（06）：1-9.

以期调整重心，因而目前的塔身呈多点折线形。据传，当初塔身建至第三层时，即发现塔身有向北倾斜的现象，遂在其后的建造过程中逐层纠偏，但终未制止倾斜。经多年的不均匀沉降，目前该塔南北向的墩脚标高相差已达40厘米左右，塔顶在北偏东方向的总偏移达2.34米，倾角为2°48′。因塔身收分较大，上小下大，塔体重心的偏移为0.97米，仍在塔底南北向对边距离的中间三分之一以内，故在塔体南面未发现有拉裂的迹象。

（三）加固修缮方案

虎丘塔加固修缮工程的方案是在前期调查研究的基础上制定的，在随后的施工过程中根据出现的一些新情况，又有所丰富和完善。虎丘塔的加固修缮工程需将塔基与基岩作为一个整体，而不能只考虑处理上层地基，否则是达不到有效制止塔基不均匀沉降这一目的的。为此，方案提出了围绕“围”“灌”“盖”“换”四个工程阶段而展开的加固及修缮的任务。在方案制定过程中，相关部门还确定了应保持塔身微斜的原则，因为虎丘塔本来就是一座千年斜塔，一旦将其完全扶正，反而会让人产生一种该建筑遭到“破坏”的感觉。根据这个原则，施工人员在工程实施中既要尽最大努力阻止塔身进一步倾斜，还要保持塔身原有的倾斜角度。其具体方案如下：

（1）“围”。在离塔身外皮2.9米处开挖孔洞，浇注44根大直径挖孔钢筋砼桩，每根桩均直达基岩。桩顶设圈梁箍束各桩，使桩的上下两端形成固接状态，以约束基土并抵抗由塔身传来的水平侧力。

（2）“灌”。在围桩范围内钻161个孔道，并结合地基的实际情况灌入水泥浆，以填实地基中的空隙。

（3）“盖”。在塔基下覆以盘形盖板，将盘板的边缘构件与桩顶圈梁连接为一体，这样既补做了塔基，又能防止地表水的渗浸。

（4）“换”。在塔身及砖墩表面将碎裂部位换以配筋砖砌筑的套筒箍住墩心，以提高砖墩的承载能力。在围桩工程开挖时，施工人员可随开挖深度同步对地基的地质情况进行直观记录，并绘成展开图。地基土质的实况如下：最浅的土层为0.9米～1.8米，最深的土层为3.0米～3.6米；塔体矗立于南薄北厚的人工夯成的夹石土上，因此而产生不均匀沉降。这证实修缮前的推测是符合实际情况的。

通过这次加固及修缮的实践，人们充分认识到虎丘塔的倾斜主要是由于地基土的厚薄不均、塔墩基础设计构造不完善、地耐力取值过高以及经多年地表水的浸刷使基土内泥土流失、空隙率增高所致。此次采用“围”“灌”“盖”“换”四个阶段的工程来解决虎丘塔的不均匀沉降问题，从1985年10月15日至1986年10月15日这一年内的监测数据看，该塔不均匀沉降的问题在施工完毕后已得到有效控制，加固及修缮工程已取得预期的效果，成为古塔维修的一个成功实例。①

七、洛带川北会馆搬迁保护工程

（一）简介

川北会馆原名三邑会馆，原位于成都市卧龙桥街48号，是清代同治年间旅蓉商民集资修建的宴饮聚会场所，现存有大殿和戏台两座传统建筑（图5-11）。1981年5月19日，成都市人民政府将其列为市级文物保护单位。2000年，因城市建设原因，为更好地保护好这两座传统建筑，经过上级批准，将其迁建在会馆建筑众多、会馆文化深厚的龙泉驿区洛带镇，成为客家文化的展览开放场所。川北会馆坐东朝西，总体布局为四合院式，呈中轴对称。川北会馆乐楼（门楼）楼基高出会馆外公路约2米，大殿殿基又高出乐楼楼底约2米。整个建筑群高低错落，

图5-11　川北会馆（团队自摄）

① 吕恒柱. 砖石古塔纠偏加固的分析方法与监测技术的研究[D]. 扬州：扬州大学硕士学位论文，2005.

构成参差之美。川北会馆正面共有三个门，均为拱券门，中间大，两侧小，门外有一较宽月台。

洛带古镇四大会馆象征着客家文化，历史文化价值极高。而川北会馆作为四大会馆之一，集中地反映了川北移民的社会生活，其历史文化价值自然不言而喻。

近年来，随着成都市向东、向南发展战略的实施和龙泉驿区国家级经济开发区的确立，龙泉驿区在成都经济社会中的分量越来越重，而其会馆建筑和会馆文化也成为一种重要的文化旅游资源。川北会馆的迁入，既有利于对会馆建筑的集中保护，更有利于发挥其应有的历史文化作用。

（二）受损情况分析

由于年代久远、经费短缺等因素，搬迁前的川北会馆的木构梁架已出现不同程度的腐朽，白蚁危害严重，被有关部门鉴定为危房。川北会馆的大殿是悬山式和硬山卷棚式的组合屋顶，高10.8米，面阔五间，进深五间，面积为455平方米。正脊由飞龙空心砖构成，栩栩如生；屋架下部安置的大量驼峰，雕刻精美，最具特色。其整体为穿斗式木构架，柱、梁、枋、檩等大木构件因虫蛀而发生部分糟朽，门窗多数损坏，瓦件风化严重，椽条、飞椽等多数糟朽。原管理单位为方便使用，将房屋的内部装修进行了较大改造。川北会馆的戏台是重檐歇山式屋顶，高12.45米，面阔五间，进深三间，面积293平方米。其穿斗式木构架的柱、梁、枋、檩等大木构件亦受虫蛀而糟朽，门窗、椽条、飞椽也多有糟朽损坏现象。脊饰局部垮塌，瓦件风化，墙壁裂缝。修缮前，戏台西侧设置有用于商店的铝合金卷帘门，戏台的三个门洞也全被餐馆封闭。[①]

（三）搬迁保护方案

川北会馆搬迁保护工程秉持“不改变文物原状”的原则，尽量保护会馆原来的面貌和风格，遵守旧构架的尺寸与式样，对会馆实行整体搬迁。在迁建过程中，尽量采用原有的建筑材料，并利用传统技术进行修复施工。

搬迁前，工作人员先对卧龙桥街川北会馆进行了详细的测绘、拍照，对原建筑的平面布局、建筑型式、结构样式、构架局部等都做了翔实记录。在此基础

① 王正明，方全民. 成都川北会馆的搬迁保护[J]. 四川文物，2000（04）：67-69.

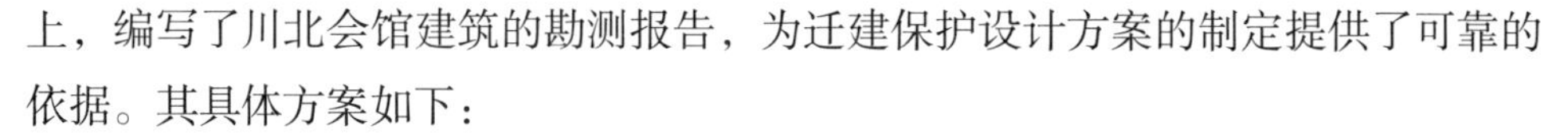

上，编写了川北会馆建筑的勘测报告，为迁建保护设计方案的制定提供了可靠的依据。其具体方案如下：

（1）在平面布局上，保持原戏台在前，大殿在后的中轴线对称布局，恢复戏台的三个门洞。

（2）保护原建筑的造型，大殿的前部恢复敞廊，恢复第二排轴线上的门窗，恢复戏台两侧对称的山墙。

（3）尽量使用原有的梁、柱、檩、枋等木构件，对于不能使用者，则选用优质干燥木材，在做好防腐处理后，严格按照原规格尺寸进行斫制，对部分尚能使用的木构件，则应在根治白蚁等虫蛀的基础上采用剔补、墩接等方式加以利用。

（4）柱、枋、门、窗、木板壁，均按原来的方式刷朱红色油漆，梁架用黑色油漆，斜撑、花牙等彩绘部分则用同种矿物颜料修复或重绘。

（5）屋面仍选用优质小青瓦和青筒瓦。

（6）根据《古建筑消防管理规则》，在戏台及大殿上安置防雷设施和设置消防水桩式小池。

（7）大木构件在安装前应先预合，以确保施工顺利进行。

（8）做好迁建场地的护坡工程。

（9）根据其作为客家文化博物馆的需要，添置茶廊及卫生间。

（10）精心拆除，精心运输，精心施工。在拆除施工前，对所有建筑构件进行编号，精心操作，确保榫卯完好，尽量不损坏木构件；运输时对有雕饰的木构件及门窗构件，用草垫进行包装保护。严格按迁建保护设计方案精心组织施工，开出场地，打好基础，在基础上按编号安好梁架，恢复原建筑的木装饰①。

八、四川大学华西怀德堂震后修缮工程

（一）简介

四川大学华西怀德堂始建于1915年，1919年完成，原为华西协合大学事务

① 王正明，方全民. 成都川北会馆的搬迁保护[J]. 四川文物，2000（04）：67-69.

所，其后作为校行政办公楼等使用[①]。怀德堂位于四川大学华西校区东北部，与华西老图书馆（懋德堂）遥遥相对。

怀德堂为中国早期大型办公楼的典型形制，二层砖木结构，采用“H”型平面布局，这种平面布局形式显然是受英国“都铎式”建筑风格的影响（图5-12）。怀德堂屋面造型丰富，屋顶形式众多，中式歇山、庑殿顶翼角显著，屋面中部设有西式教堂采光天窗，西式烟囱六处，老虎窗两处。屋顶烟囱供西洋壁炉之用，而天窗则取法于教堂建筑中的玫瑰窗，是“天堂”的象征。[②]

图5-12　怀德堂正立面（张磊摄）

（二）受损情况分析

2008年5月12日汶川大地震后，四川大学华西校区的近代建筑均受到不同程度的破坏，大部分房屋瓦面下滑，天棚脱落，墙面局部开裂，幸运的是，未发生倒塌。怀德堂的受损情况如下：屋面小青瓦大面积滑落、损坏，檩椽位移变形，屋脊断裂破损，部分墙体出现裂缝，个别内墙与外墙交接处出现竖向裂缝；木梁架基本完好，少量构件开裂变形，入口处抱厦的楠木柱上部糟朽、错裂、梁架脱榫；怀德堂地面分彩色水磨石和木地板地面，彩色水磨石地面冰裂，损坏严重。除了上述损坏，怀德堂部分门、窗洞口的角部亦出现斜向或竖向裂缝，经现场勘

① 徐文颖，李沄璋，曹毅. 华西坝历史建筑装饰特征探究——以怀德堂、懋德堂为例[J]. 建筑与文化，2014（07）：180-183.

② 李沄璋、张磊、卢丽洋. 四川大学近现代建筑[M]. 成都：四川大学出版社，2016.

测表明，该建筑大部分门、窗洞口顶部的砖拱均出现U形裂缝。工作人员在局部凿除墙体抹灰后发现，部分拱顶裂缝沿竖向灰缝延展，个别部位的砖出现开裂，表面裂缝最宽者约2.5毫米。此外，建筑底层部分墙体因受潮而出现抹灰空鼓、风化、脱落等现象，部分青砖表面风化。[①]

（三）修缮方案

在全面摸清怀德堂的受损情况后，相关部门制定了修缮方案，实施了以下一些具有针对性的修缮工程。

1. *砌体工程*

本工程的主要内容为在各错层外墙顶部增加钢筋混凝土圈梁。针对墙体上的裂缝，工作人员根据实际情况，采取了以下处理措施。

①当裂缝较宽时，用钢筋混凝土楔子进行加固处理；②当裂缝较小且对墙身影响不大时，采用高强度水泥砂浆嵌缝。已松动的砖块应全部取出，用高强度水泥砂浆重新嵌砌。残缺的砖砌体，用1：2.5的水泥砂浆进行修补，严重的则予以更换。如砖体表面发生风化，应先用小铲或凿子将酥碱部分剔除干净，再用1：2.5的水泥砂浆补抹平整，最后再根据青砖尺寸压出砖缝。

2. *屋面工程*

本工程采取揭顶大维修的方式，各木椽根据破损程度选择不同的修缮方案，严重破损者则予以更换，无变形、无劈裂、无糟朽者则继续使用。需要更换的木椽，应采用优质杉木按原尺寸斫制。木椽上要承垫1.5厘米厚的木板，其上铺卷材防水层。拆除后的各种脊饰和小青瓦要编号存放，修缮完毕后要按原式样复原。所有无天棚檐口均做成小青瓦望瓦（图5-13）。

① 李晶晶. 华西协合大学近代建筑研究[D]. 厦门：华侨大学硕士学位论文，2012.

（a）屋檐一角

（b）怀德堂的歇山屋顶

图5-13　修缮后的怀德堂屋面（张磊摄）

3. 木构梁架工程

本工程主要涉及的梁架构件有梁、柱、檩、枋等，主要面临的损坏问题有断裂、糟朽、劈裂等。柱、梁、枋断裂者，需用优质干木料按原尺寸进行墩接。木构梁架表皮糟朽不超过断面二分之一的，可采取剔补加固的方式予以修缮，但必须将糟朽部分砍刮干净，然后用同种木材进行嵌补，糟朽严重的，应进行墩接或更换整个构件。木构梁架出现劈裂者，若裂纹小于0.5厘米时，可直接用油漆腻子勾缝再抹上油漆；若裂缝超过0.5厘米时，则须采用木条嵌补；特别严重的，则请专业公司用碳纤布进行加固。

4. 地面工程

怀德堂廊道部分的地面为彩色水磨石，震后出现严重冰裂，需将其全部拆除，改用2.5厘米厚，40厘米×40厘米青石板铺设（图5-14）。房内木地板则保存较好，个别木地板间出现的裂缝，可用木条嵌补。工作人员在施工中对其进行了进一步的检查，对发现腐朽、断裂的木地板及时进行了拆换。楼面全部为木楼板，面层保存较好，施工时，工作人员将所有的纸板天棚均拆除，并对木楼板和木格栅进行了全面检查，对存在腐朽、断裂等问题的构件进行了拆换。

图5-14　怀德堂室内廊道（张磊摄）

5. 天棚工程

怀德堂室内装修基本保存较好，可不做大的维修。室内天棚大多为纸板天棚，在施工中应将其全部拆除，并选用轻钢龙骨及矿棉板进行修复。室外天棚主要位于门厅和檐廊处，为木板天棚，面贴纸棉板。这部分的损坏较为严重，并出现局部垮塌，因此在维修时应将木板和所有纸棉板拆除，以便于检查木构架，天棚底要按原样恢复。糟朽、变形的木板应予以更换。怀德堂门窗以欧美式居多，种类丰富，做工精细，保存尚好。在修复中，若发现损毁，则应采用同等木料和式样对损坏部位进行修复。

6. 油漆、涂料工程

本工程所采用的油漆全为调和漆，修复中新制的木构建，油漆次数至少不低于三遍，涂料则全部采用十年限的乳胶漆，并要求色彩应与原来的保持一致。所有外露的金属铁件，均刷防锈漆三遍，刷漆前，应对铁件进行除尘、除锈、除油污等（图5-15）。

图5-15　怀德堂外廊（张磊摄）

7. 室外工程

此次修缮工作中的室外工程主要包括对台明、台阶、栏杆、排水沟等的修缮。台明地面为彩色水磨石，因此在地震中大部分出现裂纹，需将其全部拆除，改用2.5厘米，厚400厘米×400厘米的青石板。风化的压沿石，应将风化酥碱的部分铲除干净后，再用云石胶加石粉进行修补，并与原石料的颜色保持一致。柱础为水泥砂浆底，上层灰塑简易图案。维修时，应将损坏部分照原样修复。台明、台阶处的望柱头，其倒塌者，应用1：2水泥砂浆安砌到位。最后要理通排水沟。

九、乐山雷畅故居修复工程

（一）简介

雷畅故居位于四川省乐山市井研县千佛镇，距乐山市区约30千米，距井研县城约6千米。雷畅故居始建于清乾隆年间，2007年被四川省人民政府列为“省级重点文物保护单位”[①]。雷畅故居是川内现存规模较大的清代民居，具有深厚的历史文化底蕴，被人们誉为川西民居建筑活化石。据《井研县志》记载，雷畅为清代内阁侍读学士，其故居建于公元1773年。雷畅故居坐东向西，背山面水，纵向为三进式封闭院落，沿中轴线上建有门厅、轿厅和堂屋，共有房舍121间，占地面积为13664平方米，建筑面积为6733平方米，为蜀中民居四合院建筑的典型代表[②]。雷畅故居旁建有雷氏宗祠，宗祠大门巍峨矗立，气势恢宏，雕饰精美（图5-16）。

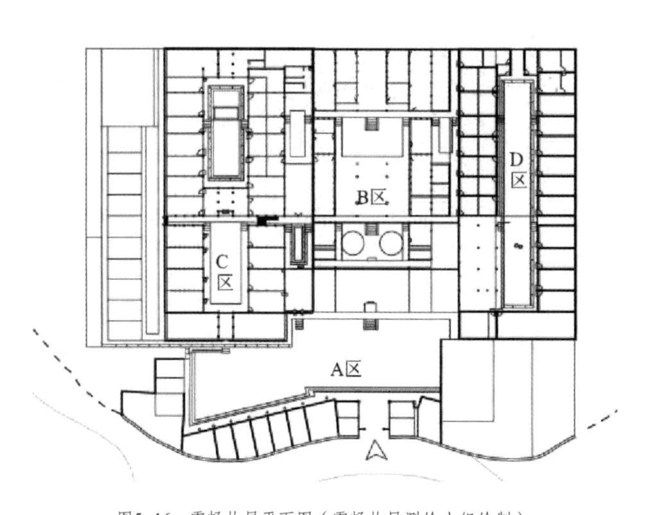

图5-16　雷畅故居平面图（雷畅故居测绘小组绘制）

雷畅故居建成至今已有200多年，蕴藏着丰富的历史文化信息。其独特的建筑结构形态，充分地向人们展示着当时建造技术的特色，具有很高的历史文化价值（图5-17、图5-18、图5-19、图5-20、图5-21、图5-22）。

① 四川省文物管理局. 第七批全国重点文物保护单位申报文本雷家大院[R]. 2009.

② 周洁，陈一，周波，李旭东. 川西民居天井空间的精神及其启示——乐山市雷畅故居天井空间分析[J]. 四川建筑科学研究，2012，38（04）：235-237、278.

图5-17　雷畅故居正厅（陈一摄）

图5-18　雷畅故居围墙及封火墙（陈一摄）

图5-19　雷畅故居 中庭天井空间-1（陈一摄）

图5-20　雷畅故居中庭天井空间-2（陈一摄）

图5-21　雷畅故居 中庭天井空间-3（陈一摄）

图5-22　雷氏宗祠（陈一摄）

（二）受损情况分析

在修复前，雷畅故居中的破损建筑较多，天井景观萧条，周围环境也比较破碎。尽管如此，其相对于那些因经济发展、城市扩张而被拆毁的传统建筑而言，还是比较幸运的。尤其是近年来，当地政府的相当重视雷畅故居的修复工作，相关部门正努力地对其进行全面科学的保护。据记载，雷畅故居历经多次维修。2008年，在汶川大地震后，政府先后对垮塌的天井、围墙等建筑进行了修复。[①]

（三）修复方案

对雷畅故居来说，最好的方式就是将其按照原样进行修复，并还原当时的生活情境，为参观者提供一种在现代生活中无法触及的主观感受和情感体验。当地政府秉持上述理念，制定了如下修复方案。

1. 对建筑开展修复性保护

首先，对未受到严重损坏的部分（例如门窗雕饰不完整等），要重新加固并局部修缮。其次，对已存在严重损坏的部分（例如屋顶、门窗等部位出现缺损或构件损坏等），应尽量在本建筑中找到复原依据，并据此进行复制、配补。再次，对已造成严重损毁的部分（例如木质墙体被改造成砖墙或整栋单体建筑受到严重损毁等），应原址重建并恢复其原来的容貌。最后，在修复天井空间时，应注意空间层次的营造，景观植物应以本土植物为主。建筑内部可以适量布置一些与建筑风格一致的家具，还原其生活环境。

2. 营造具有地方特色的自然环境

传统民居聚落的规划布局，讲究“境态的藏风聚气，形态的礼乐秩序，势态的形态并重，动态的静动互释，心态的厌胜辟邪等”[②]。它们常与自然环境有着完美的融合。

建筑周围的环境、景观、庭院也是建筑的一部分，对建筑保护的同时也需要对其周围环境进行保护，使其回归自然，真正实现“天人合一”的思想意境。先民们在处理居住空间与周围环境的关系时，常注意通过对自然的巧妙利用而形成“天趣”，因此传统的民居大多对外相对封闭，但其内部却极富亲和力和凝聚

① 蒲音竹，周波，陈一，等. 论川西民居的建筑艺术价值及保护策略——以井研县雷畅故居为例[J]. 四川建筑科学研究，2012，38（05）：229-232.

② 骆中钊. 福建土楼的保护与利用初探[J]. 古建园林技术，2010（02）：29-30.

力，以满足人们在居住时的生活物质需要和内在的心理需求[①]。雷畅故居周围仍保存有不少自然景观。故居背后的大榕树已有上百年的树龄，它见证了雷家的兴衰，因此保护好大榕树及周边环境，同样具有重要的意义。我们在保护好故居的同时，应扩大保护范围，将故居纳入周围的自然环境，将其打造成具有浓郁地方特色的乡村景观，再现“采菊东篱下，悠然见南山”的诗意憩居地。[②]

此外，我们还应将周边传统建筑群与故居一起整合发展，这是适合于当地传统建筑的保护方式。

十、北京颐和园建福宫保护修复工程

（一）简介

颐和园建福宫于清乾隆七年（1742）建成，位于故宫内廷西六宫的西北端，东至咸福宫西院墙，西至中正殿东院墙，南至建福门，北至存性门，整体院落坐北朝南，分别以抚辰殿、建福宫、惠风亭为中心组成三进院。建福宫区域现存传统建筑有建福门、抚辰殿、建福宫、建福宫东西净房、建福宫东西游廊、惠风亭、四个随墙门、周围院墙及室外陈设树池[③]。两座相对独立的院落通过惠风亭联系起来，后寝静怡轩四面出廊，南通建福宫，西向连通延春阁、敬胜斋，自然完成了由宫至园的空间转换[④]。

1923年，建福宫因火灾烧毁大半，只剩下主轴线建筑的前半部分，即建福宫、扶辰殿、惠风亭一区。由于历史上对该区建筑的维修大部分仅停留在岁修保养的层面，唯在嘉庆七年（1802）进行过一次以油画见新为主的综合性修缮工程，因此目前此区的建筑彩画还完整地保留着清朝中期（乾、嘉两朝）苏式彩画原貌，是研究故宫内仅存的几处清朝中期苏式彩画原迹的又一个例证，具有很高

① 户田芳树，刘佳，倪亦南，等. 传统民居型公园的魅力[J]. 中国园林，2010，26（08）：26-29.

② 蒲音竹，周波，陈一，李旭东. 论川西民居的建筑艺术价值及保护策略——以井研县雷畅故居为例[J]. 四川建筑科学研究，2012，38（05）：229-232.

③ 曲亮，朱一青，王时伟，陆寿麟. 故宫建福宫石质文物保存状况的评价研究[J]. 文物保护与考古科学，2012，24（02）：6-13.

④ 贾立新. 叠石为假山　植桧称温树——试论建福宫花园园林景观的复原[J]. 故宫博物院院刊，2014（04）：147-157、161.

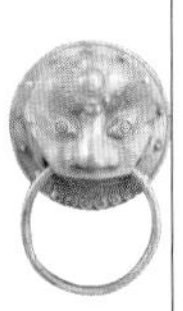

的历史价值、艺术价值[1]。

（二）受损情况分析

由于建福宫遗存长期暴露在户外，经过长年累月风霜雨露的侵蚀，绝大部分石材的表面严重风化，一些纹饰已经变得十分模糊，用手轻触，就会有颗粒物脱落。一些风化严重的构件，其原来较为尖锐的棱角已经变得十分圆润，失去了原有的形状[2]。

而位于内檐的彩画由于受外界环境、气候等因素的干扰和影响较小，因此大部分保存情况较好，彩画颜色、纹饰清晰。不过仍局部有空鼓、龟裂、翘起、剥离等现象，其表面了布满了灰尘、鸟粪、雨渍等。外檐彩画由于直接经受风吹日晒，受温度、湿度变化的影响及其自身材料性能的影响，残损情况较为严重，轻者表面空鼓、开裂，重者剥离、下垂，甚至脱落；彩画褪色，纹饰不清，金箔失光。而内外檐上下架大木地仗油饰，由于年久失修，残损非常严重，普遍脱落，可见木骨。油饰剥脱后，自然界的风雨直接对木构件造成侵蚀，加速了木构件的老化[3]。

（三）保护修复方案

在摸清建福宫建筑遗存所存在的问题后，相关工作人员在严格遵守不改变文物原状的前提下，秉持着保护文物的真实性、完整性及最小干预的原则，编写了对建福宫的保护与修复方案。

1. 园林植被保护

建福宫花园的植物理景手法以高大乔木为主，适当配植藤本植物加以点缀。参天乔木宜于烘托深远的园林意境，柔枝舒展的藤萝有利于形成幽美的园居环境，古木有凌云意，纤萝有攀附心，刚柔相济，阴阳互生。在乾隆御制诗集中，有两首吟咏建福宫红梨花的诗句：“不计香风几度频，娇红嫩绿各争新。最怜雨后偏饶韵，底事春来易怆神。叶态花姿刚相称，蜂衙蝶阵岂无因。一枝佛钵堪清

① 杨红. 故宫建福宫区主轴线建筑油饰彩画保护修复设计研究[C]. 中国文物保护技术协会. 中国文物保护技术协会第六次学术年会论文集，2009：208–227.

② 曲亮，朱一青，王时伟，陆寿麟. 故宫建福宫石质文物保存状况的评价研究[J]. 文物保护与考古科学，2012，24（02）：6–13.

③ 杨红. 故宫建福宫区主轴线建筑油饰彩画保护修复设计研究[C]. 中国文物保护技术协会. 中国文物保护技术协会第六次学术年会论文集，2009：208–227.

供，便欲因之悟六尘。”“李花太白海棠红，斟酌秾纤着禁丛。最是麝风琳月下，仙人遥在蕊珠宫。”梨树江南江北皆有种植，但多开色洁如雪的梨花，红梨花极为罕见。目前，建福宫花园现存古木都在假山一区，假山前后尚有三株楸树、四枝柏树和一棵古槐。

建福宫作为一座园林，其间的假山湖石和古木佳卉是园林意境的重要组成部分，根据相关资料对其进行复原，具有重要的价值。古树佳木不仅是园林景观的组成部分，同时它们还是传统建筑最好的保护屏障，它们不仅能调节小环境的空气湿度，还能有效地吸收空气中的二氧化碳、二氧化硫、铅、汞等气体与浮尘，能够最大限度地减少这些有害物质对传统建筑的侵蚀。这也是建福宫植被复原工程受到高度重视的原因①。

2. 抚辰殿彩画修复方案

对抚辰殿前后及两山面外檐大木，工作人员按现存彩画复制片金环套箍头，龙枋心，锦找头金线苏画（做到额枋里楞）。西山面明间外檐保留。前后廊内天花以下上架大木按现状复制彩画，后檐西稍间廊内掏空、明间檐枋内侧面、前后廊内天花及局部垫拱板，除尘，残损部分修整加固，回帖，补绘整齐。内檐上架大木、天花彩画原状保留、除尘，残损部分修整加固、回帖，按原式、原样、原色补绘整齐②。

第四节 小 结

目前我国已有30余年的传统建筑遗产的保护实践，这些实践活动在保留传统建筑真实性与完整性方面成绩斐然。而且，我们还通过对典型传统建筑遗产价值的展示，将其融入现代化的社会运行中，使其文化价值得到了社会各界的广泛

① 贾立新. 叠石为假山 植桧称温树——试论建福宫花园园林景观的复原[J]. 故宫博物院院刊，2014（04）：147-157、161.

② 杨红. 故宫建福宫区主轴线建筑油饰彩画保护修复设计研究[C]. 中国文物保护技术协会. 中国文物保护技术协会第六次学术年会论文集，2009：208-227.

认可，并实现了可持续的开发利用方式。不过，就一般性传统建筑而言，由于它们的价值相对较低，数量庞大，因此对它们进行福尔马林式的保护，既没有完整保存其原貌的可操作性，也没有充裕的保护资金。面对这样的困境，我们需要借鉴国外的先进经验，深入剖析与审视中国现行的建筑保护制度。对于传统建筑的保护，不能局限在博物馆式的保护思想里，要将传统建筑的再利用看作调整城市功能、加速城市建设与促进社会发展的有效方式，使中国的传统建筑保护走出困境，使丰厚的建筑遗产真正成为我们日常生活中密不可分的有机组成部分，从而推动中国传统建筑保护与人居建设事业的进一步发展[1]。

课后思考

1. 请简述在传统建筑的保护中，应该遵循哪些基本原则？

2. 在传统建筑的修缮保护中，应如何平衡现代技术与传统工艺之间的关系？

3. 面对时代的需要，我们应该如何看待传统建筑的价值？

4. 通过课程学习，了解中国传统建筑的修缮技术有哪些？

① 冯祯. 旧工业建筑遗产更新调查与研究[D]. 青岛理工大学，2008.

第六章

传统建筑再利用

第一节　传统建筑再利用的概述、意义与原则

一、传统建筑再利用的概述

（一）概念阐释

基于人类行为的建设，基本上可以分为两种类型，即新建和再利用。所谓新建，顾名思义，就是指在新的基地上建造新的房子；而所谓再利用，就是在旧的基地上，保存原有房屋，并对其进行重新开发改造。

美国学者埃里克·瓦格纳的《建筑设计工程与施工百科全书》中是这样定义建筑的再利用的："在建筑领域之中借助创造一种新的使用功能，或者是借助重新组构（reconfiguration）一幢建筑，使其原有机能得以满足一种新需求，重新延续一幢建筑或构筑物的行为，有时也被称作建筑适应性再利用。建筑再利用可以使我们捕捉建筑的历史价值，并将其转化成将来的新活力，建筑功能置换是旧建筑再利用的核心。建筑再利用成功与否的关键在于建筑师抓住一幢建筑的潜力，并开发其新生命的能力。①"传统建筑的再利用旨在保护的基础上改造因社会变迁而逐渐闲置和废弃的建筑遗产，赋予其新的功能，使其焕发出新的生命以满足当代社会的需求。

在传统建筑的保护过程中，有两种错误极容易发生：一是一味地静态凝固化的冷冻传统建筑，采用福尔马林式的保护将其供奉起来；二是将传统建筑当作社会发展的障碍，消极地保护或破坏性地使用，大刀阔斧地、毫不考虑传统建筑的价值而拆除改建。这都是因为没有明确传统建筑的保护与利用之间的关系而造成的无知后果。传统建筑的"再利用"与其"保护"既有联系又有区别，"再利用"强调的是通过"保护"而存留下的旧而有价值的部分和经过"改造"而创造出的新而有功能的部分结合。倘若保存的传统建筑需要将它们融入当今的社会文化生活，那保护的最终目的就是满足当代或未来的社会需求，因此需要对传统建

① 王嵩. 浅议中国传统建筑再利用面临的问题[J]. 华中建筑，2008（10）：11-14.

筑进行更好的利用。

（二）建筑再利用的发展过程

1. 国外建筑再利用的发展历程

人们对建筑再利用的历史可以追溯到建筑的诞生时期。但在19世纪以前，人们对建筑的再利用的最初目的是追功逐利而不是保护建筑。[①] 事实上传统建筑再利用具有很高的经济实用性，因为其可以利用较低的成本获取建筑物本身的物质功能，但其目的并不是保护建筑的历史文化价值。如1492年土耳其人攻陷君士坦丁堡后，只是简单地在四角加了尖塔，便把城中的东正教教堂改为了伊斯兰教清真寺。

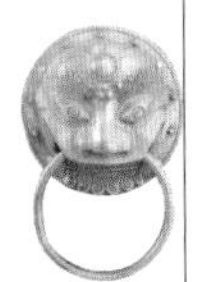

在第二次世界大战中大量建筑被毁，由于大部分人支持对这些建筑推倒重建，于是战后大规模的建设工程便随之展开。这一时期，新建建筑大量出现，在战争中幸存的老建筑慢慢被代替。在同一时间，人们开始慢慢注意到传统建筑的存在，但是当时保护的主体主要是单个的文物建筑而非整体，并且通常采用凝固化的冰冻保护。此外，人们也同时在进行着一些改建和扩建的行为。如1964年改造完成的美国旧金山吉拉德里广场（Ghirardelli Square），由原巧克力厂改建为购物餐饮市场，首次提出了“建筑再循环”（Architectural Recycle）理论[②]。

20世纪六七十年代开始，生态、环境和能源问题的凸显迫使西方逐渐摒弃了大拆大建的城市发展模式，开始注重建筑的适应性再利用，以传统建筑再利用为核心的新城市复兴理念也逐渐占据了主导地位。当时，美国波士顿昆西市场改建和英国伦敦女修道院花园市场改建较具影响力。这方面的研究及理论也日趋成熟，设计实践作品已陆续产生。20世纪80年代以后，传统建筑再利用开始成为建筑实践的一个主要方向。据有关资料，在英国，国家资金用于新建和改建的比例已经从70年代的3：1提高到90年代的1：1。[③]

2. 中国传统建筑再利用的发展历程

20世纪以前，在中国绝大多数针对建筑进行的再利用是基于纯粹的经济利益。随着改革开放社会不断发展，城市建设也逐步进入正轨，对许多旧建筑采用

---

① 李蔚. 建筑遗产再利用舒适性与安全性改造研究[D]. 天津：天津大学硕士学位论文，2016.

② 薛林平. 建筑遗产保护概论[M]. 北京：中国建筑工业出版社，2017.

③ 孟庆玮. 遵化市马兰峪镇清王爷府保护与再利用研究[D]. 北京：北京建筑大学硕士学位论文，2017.

了推倒重建的方法。

一直到20世纪90年代，传统建筑的再利用才有了初步的反思与实践。人们发现，推倒重建是一种代价昂贵的建设方式，存在很多的弊端。1990年，上海建于1926年的“法国俱乐部”被日本建筑师改建为上海花园饭店的裙房，并在后面建起了高层旅馆。这是我国真正意义上的建筑遗产再利用的较早案例之一。事实上这一时期更多的是对商业建筑再利用。许多老楼被老商业企业改扩建为办公楼、商场、餐馆等。随着时代的发展，我国传统建筑再利用有了许多新的尝试，如上海“新天地”和外滩、北京“798”、广州中山纪念堂等。

但总体而言，我国的很多传统建筑并没有得到很好的再利用，值得深思。

二、传统建筑再利用的意义

传统建筑是重要的文化资源，是文化遗产不可缺失的组成部分。传统建筑在每个时期、地域都有其独特性。建筑遗产的再利用具有以下意义。

首先，传统建筑的再利用有利于建筑遗产的保护。国际古迹遗址理事会澳大利亚国家委员会在《巴拉宪章》（1999年）中提出：“延续性、调整性和修复性再利用是合理且理想的保护方式。”当前大部分传统建筑都面临着与现代生活不“兼容”的问题：原有功能与时代要求的极大落差导致原有社会职能丧失；随时间流逝而日益老化的物质条件，又使传统建筑与新时期的要求相差甚远。新时期在各种条件的综合影响下，应该赋予传统建筑新的职能。这样可以使它们与时俱进地发挥自己的作用，充分体现历史价值和在当代生活中的现实价值。对传统建筑来说，这是更有效的保护方式。[①] 传统建筑的再利用对于建筑遗产的保护具有重要意义，这是因为“再利用提供了人类在文化资产上连续性（continuity）之可行性，再利用的保存方式是一种比较积极、比较生活化之保存策略，许多不适用或闲置的老建筑都可以以此达成其再生之契机，进而使之与大众生活结合在一起，创造新的建筑意义”[②]。

其次，传统建筑再利用有利于可持续发展。2008年8月颁布的《中华人民共和国循环经济促进法》第二十五条规定：“城市人民政府和建筑物的所有者或者

① 张倩. 欧洲历史文化遗产保护与利用实践研究——以法国波尔多当代艺术博物馆为例. 建筑技术及设计，2005（10）：6.

② 傅朝卿. 台湾成功大学建筑研究所92学年度第二学期“建筑再利用专题讨论”课程讲义.

使用者，应当采取措施，加强建筑物维护管理，延长建筑物使用寿命。”应该认识到：“不同时期既有建筑的长期积累，使得其总量必然大大超过任何一个时期的新建筑，而相当一部分既有建筑所具有的旧、过时和不适应状态，并不是一种终极状态，只是一种暂时、相对的中间状态，其中可调整、改进和再利用的余地相当大，这使得城市大量既有建筑事实上已成为潜在的城市可再生空间资源”[①]。而且，如果辩证分析的话，“旧建筑功能更新是基于可持续性发展观念的活动，强调的是建筑物的持续利用，任何改建都不是最后的完成，也从没有最后的完成，而是处于持续的更新中”[②]。

再次，针对传统建筑进行再利用保护，有利于经济效益的提升。经济因素在传统建筑保护中是一个常常被考虑到的重要因素。通常来讲，传统建筑的再利用，与新建建筑相比较，所消耗的人力、物力、财力等比较少。因此，对传统建筑进行再利用显然是更为经济的选择。

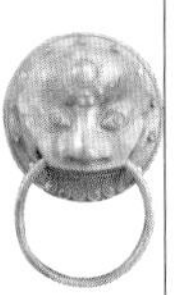

三、传统建筑再利用的原则

对传统建筑进行主动式再利用，应以保护为先。根据使用功能、空间特点、建筑形式、文化特色以及周边环境特色的不同，在具体的实践应用中应因地制宜，挖掘深层潜力[③]。在传统建筑的再利用过程中，应坚持如下原则：

首先，要尊重传统建筑的真实性。国际古迹遗址理事会澳大利亚国家委员会《巴拉宪章》（1999年）提出：“应当尊重包括精神价值在内的遗产地的重要意义。应当探寻并利用机会以延续或复兴遗产地的意义。”并强调“针对应甄别出遗产地的一种或多种用途或旨在保存其文化重要性的使用局限。遗产地的新用途应将重要构造和用途改变减至最少；应尊重遗产地的相关性和意义；在条件允许的情况下，应继续保持为其赋予文化重要性的实践活动”。国际古迹遗址理事会在《关于乡土建筑遗产的宪章》（1999）中论述道：“为了与可接受的生活水平相协调而改造和再利用乡土建筑时，应该尊重建筑的结构、性格和形式的完整性。”

其次，要坚持合理、适度、可持续地再利用。对于大多数传统建筑来说，只

① 周卫.既有建筑——城市可再生空间资源[J].建筑学报，2005（01）：76.
② 吴良镛.北京旧城与菊儿胡同[M].北京：中国建筑工业出版社，1994.
③ 范玉洁，徐曹明.建筑遗产再利用探析[J].建筑与文化，2017（06）：62-63.

有进行必要的“改造”才能实现再利用。例如，为了使传统建筑在功能上满足当代社会的要求，必然要适当增加一些设施设备。然而，在转型的实践中，必须注意两者之间的关系。例如，在许多传统民居改造中，仅仅为了提高舒适度用塑料钢窗代替原来的木质门窗是不合适的。但是，为了提高舒适度而在一些传统住宅配备空调、风扇等设备，尽管对传统建筑造成了一定的破坏，但还是可以接受的。中国传统建筑的再利用比较困难，不容易满足当代社会的功能要求：传统建筑再利用在面积、高度和空间跨度上，一般都比较受限。因此，在传统建筑的再利用中，可以考虑适当添加新的轻质材料（如钢、玻璃等），尽量打破上述限制。

第二节 传统建筑再利用模式与实例分析

传统建筑再利用需要根据传统建筑的现存情况和历史文化价值的差异而采取不同的模式。根据传统建筑的功能，传统建筑再利用的模式大致有如下几种：原功能延续模式、博物馆模式、景点模式、商业模式。本书将结合实例对上述模式进行讲解。

一、原功能延续模式

原功能延续模式一般不会改变原建筑的总体使用功能，改造过程中的加建与改建也是为了原建筑可以更好地适应新时代的发展。它更多的是对原有建筑进行修缮，对细节进行严谨的修补，并对原有结构进行加固，对原有建筑的空间进行改善提高舒适程度，从而使建筑的功能得到延续。

延续传统建筑的原功能是保护利用的首选，符合“最小干预原则”。国外绝大多数的宗教建筑、一部分行政建筑以及传统住宅的再利用便属于这一模式。中国的绝大部分宗教建筑、部分仍在使用的历史建筑也常常采用这种模式。对于这些传统建筑来说，不仅它们本身是历史文化价值的承载，人们在其中的活动依旧保持着历史与传统的方式，现代化的修缮与改造只是让历史与传统得到更好的延续。所以应鼓励这种模式。目前，在一些城市，政府每年都要斥巨资对文物建筑进行修缮，而传统民居却被大规模破坏。上述现象说明相关部门没有认识到传统民居也是一座城市的宝贵资源，承载着大量物质和非物质的历史信息。在我国，各地文物古迹存量已经不多，在此情况下，更需加倍珍惜传统民居。

案例：成都传统民居改造——以王奶奶家老宅为例

成都的传统民居，是以铺、坊、院、坝、篷等构成街景与乡场场景，以坊间群构成铺落市集，有古老的场镇文化，有现在几乎已经消失的坊场，有一代老成都的记忆。2017年改造的这栋传统民居是王奶奶家的老宅，位于老暑袜街，距成都繁华中心春熙路仅500米，最初修建于清末民初，是典型的川西穿斗式民居。由于旧城改造，老暑袜街上许多川西民居建筑被拆除，现仅留下了暑袜街79号这一幢老宅。

1. 改造前状况

这栋川西老宅以庭院式为主要形式，基本组合单位是“院”，由一正两厢一下房组成的“四合头”房，院内用柱廊来联系各个房间，并设通风天井。老宅主体两个部分组成，西边较为低矮的部分是清末民初的川西民居，东边略高出的部分，则是由于堂屋旁的一间屋子垮塌，王家人于20世纪80年代重新修复的砖混结构，两部分以连体的形式存在。

老宅总占地面积约90平方米，主要由三间卧室以及底层厨房、餐厅等房间组成，总体来说，使用空间逼仄，拥挤混乱，居住体验感差。除此以外，此栋老宅屋顶和墙体结构的原木腐烂，存在较大安全隐患；室内没有接入城市给排水系统，基础设施不齐备；屋顶和墙面开裂渗水，室内楼梯年久失修，无安全防护，极大影响了王奶奶一家人日常生活的舒适性和便捷性。

2. 改造措施

基于以上情况，该栋民居的改造主要从房屋的结构、空间和设施三个方面进行展开。

（1）结构

这栋老宅采用的是传统穿斗式建筑的结构形式，为了满足现代建筑的使用要求以及保留历史记忆的目的，在实施建筑结构重构的时候，采用的是砖墙做承重，顶部纯木头的结构形式，用最传统的榫卯结构制作木屋顶，保留原本的高度不变，屋顶在挂网、刷浆、防水以及保温层等工序完成后，再铺设瓦面，在满足现代房屋建造工艺的前提下最大限度保留传统川西民居的结构风貌。此外，在改造中为了保证接壤邻居的房屋稳定和安全性，对共用墙体进行退让，牺牲10厘米空间，重起新墙，并在原共用墙和新墙中间砌筑新的墙体。

（2）空间

王奶奶家老宅作为典型的川西穿斗式民居，以庭院作为主要存在形式，由于建造时期技术的局限性，只能使用一层的空间。原房屋斜顶下的大量空间，都处于闲置的状态，毫无利用价值。因为空间的局限，整个房屋仅勉强满足王奶奶及女儿一家的居住，其余家庭成员只能白天过来看望，晚上无法过夜。此次改造在原有空间格局上，置入新的功能空间并进行扩展与重构，重点是进行竖向空间的扩展。

首先是利用东西建筑的顶部空间，在总高度不变情况下，将原先空置的两个隔层，改造成可利用的空间，把原来一层、二层建筑变成二层、三层建筑。其次改变横向空间的动线关系，将楼梯挪到了老宅的北侧，使厨房空间变大，并重新做了空间的规划，设置了7个卧室，上下共6个厕所，充分满足一家14口人的私人需求。二层设置环形走廊，留出挑高位置，不仅让天井的空气阳光有流通，还完美保有中厅的绝对高度。这样的空间设计不仅对原有的单调空间形态和层次进行了丰富，同时对起居空间进行了延伸，极大地提升了居住的舒适感。

（3）设施

此次房屋改造以王奶奶为核心，住宅设计主要是满足老年人的行为模式。首先保留王奶奶卧室原有位置，床下设置感应灯，解决王奶奶夜间如厕问题，同时配备了适合老人使用的卫浴设施，从全自动马桶到淋浴间座椅和墙壁的扶手，方便老年人的独立活动。其次改造原有楼梯，楼梯从原来的南边改至北边，从直线上下改为了L形迂回上升，并且设置脚步灯带提高上下楼的安全性。

此外，针对居民的实际使用需求，设计师利用榻榻米、壁柜等建筑的剩余空间和家具的巧妙设计进行改造，通过设计各种隐藏式可推拉式壁柜，将房间闲置的家具、生活用品等物件进行了收纳。二层沿中厅一周做了玻璃围挡的回廊，回廊的公共区域，还做了多功能的阅读区，可以兼做茶室和工作间。最后，为了保留老宅的历史记忆，设计改造时将原房屋的老物件进行修缮改良，兼做电视柜、壁柜、房间门等。原先房屋内的穿斗式木结构因经年久遭虫蛀，仅留下了不算完整的一榀，经修复后，将这一榀框架用于中厅的装饰，用于承载四代人的集体记忆。

这栋川西传统民居的改造案例，从功能更新、空间延伸的角度探寻了改善传统居住条件的方法。目前，很多传统民居正面临着功能欠缺、主体破败等问题，如果能进一步推广传统民居更新的改造方法，不仅仅可以极大改善原有居住环境，还可以使老建筑焕发新颜，为传统民居的再利用带来新的可能性。

二、博物馆模式

传统建筑本身具备一定的历史文化艺术价值，只有将其当成一种展览品被展示出来后才能得到公众的认可。因此，将传统建筑改建为博物馆是再利用的常见模式。改造成为博物馆的传统建筑有以下优势。

（一）向博物馆转型是传统建筑生命的延续

在坚持文物建筑的保护原则下，对传统建筑的使用功能进行重新组构，引导其向博物馆转型，从而达到延续其建筑生命的目的。向博物馆转型是正确保护传统建筑的内在要求。

（二）向博物馆转型有助于保留传统建筑的历史文化艺术价值

博物馆的核心价值是展示现在的历史文化遗产。而传统建筑作为民族文化的高度浓缩物和历史的见证者，其本身就是宝贵的历史文化遗产。传统建筑浓缩了其所在地的历史变迁与文化特征。地方性的历史、文化、艺术、经济产业形态、社会心理等内容在传统建筑上都有集中的反映，这对参观者来说，具有比其他任何类型的博物馆都要强烈的情绪感染能力[①]。“就如同向参观者提供了一台感悟自身的时光机器，使他们可以在一个被封存了的历史空间中去发现关于自己周围的历史。”因此，传统建筑转型为博物馆具有十分明显的先天优势和实际价值。

（三）向博物馆转型可以节约博物馆的建设资源

传统建筑向博物馆转型，不仅可以节约博物馆建设所需的时间、经费和其他

① 邓宽宇. 小型古建筑的保护性修缮及其空间功能再设计——以蒙山茶史博物馆为例[D]. 成都：四川师范大学硕士学位论文，2014.

资源，而且可以有效避免当前博物馆建设中盲目发展的问题。

案例：自贡西秦会馆改造

1. 西秦会馆兴建缘起与沿革

西秦会馆是由来自自贡地区经营盐业运销和开设钱庄票号的陕西籍商人在发迹致富之后，集资修建的同乡会馆。清乾隆元年（1736）动工兴建，历时16载竣工落成。因会馆主供关羽神位，亦名关帝庙，俗称陕西庙。据《重修西秦会馆关帝庙碑记》记载，这次新建会馆“费金万有奇，绛阙丹台，辉煌雅丽”。由此可见，西秦会馆的问世，同自贡地区盐业经济的繁荣和陕西籍商人的发迹有着密切的联系。①

道光七至九年（1827—1829），又由本地著名建筑师杨学三设计，对原已倾圮的西秦会馆进行了大规模培修与扩建。这座雕梁画栋的会馆，先后作为盐商祭神宴乐议事的场所，这里曾是辛亥革命川南同志军总部，军阀混战时又曾是各路军阀逐鹿盐场的大本营，此后又成为国民党统治时期的市政筹备处和市政府所在地。新中国成立后，这座有两百多年历史的传统建筑得到了多次维修，先后被评为四川省和全国重点文物保护单位。②

1959年，邓小平同志参观西秦会馆，提出了创建盐业博物馆的倡议，同年，以西秦会馆为馆址的自贡市盐业历史博物馆开馆。

2. 西秦会馆总体布局

西秦会馆采用了沿轴线南北方向纵深发展，对称布置，这是我国古代大建筑群最为常用的一种布局形式，对称布置，周围则用廊楼阁轩以及一些次要建筑环绕衔接，形成有纵深、有层次、有变化的院落群体。整个建筑群占地约为3650平方米，建筑面积约为3100平方米。

轴线起始处是武圣宫大门，即会馆的主要入口（正门），两个雄伟的石狮伫立在大门两侧，增添了会馆沉雄肃穆的气氛（图6-1、图6-2）。

① 叶茂. 中国古代建筑瑰宝——西秦会馆[J]. 四川建筑，2007（05）：49-51.
② 叶茂. 中国古代建筑瑰宝——西秦会馆[J]. 四川建筑，2007（05）：49-51.

图6-1　西秦会馆正门立面（作者自摄）

图6-2　西秦会馆正门后院落（作者自摄）

上述各单元处于轴线两侧的建筑与围墙连在一起，形成一道横向的外墙。从墙上显露出一系列高低不同、形态各异的屋顶，使整个会馆外观轮廓呈现出富有节奏的变化。

3. 以西秦会馆为中心构建盐文化长廊

图6-3　加装的吊顶（作者自摄）

西秦会馆作为自贡盐业发展史上不可多得的见证物，可充分发掘其内在的人文价值。目前，有关部门在对西秦会馆建筑进行全面修缮的同时，在会馆内部进行了展览陈列用房改造，主要在室内加装吊顶、包装墙面、增设照明和空调设备等（图6-3、图6-4、图6-5）。会馆周边环境结合城市旧城改造，将沿街的建筑按照仿古建筑的模式统一整修，使整个区域的建筑风格和谐统一。在西秦会馆内精心创意、设计、举办“自贡盐文化基本陈列”和“自贡城市发展史基本陈列”等主题展，展示自贡两千年的

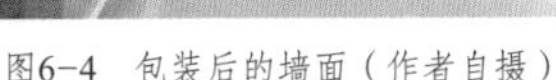
图6-4　包装后的墙面（作者自摄）

图6-5　增设的照明及空调设备（作者自摄）

盐业历史文化和城市发展变迁的过程。展厅设计很朴素，充分利用原有建筑空间，在建筑材料和色彩的选择方面，遵循当地传统，使所有的展品都得到了较好的展示，同时又满足了文物建筑不能改变建筑外表的要求。[①]

此外，以西秦会馆为中心的井盐文化遗产，资源丰富、布局集中、价值较高。今后若将以西秦会馆为中心的井盐文化遗产连接起来，将会充分发挥社会效益和经济效益，促进自贡文化旅游产业得到进一步的发展。

三、景点模式

经维护修葺与必要的改造后被当作旅游景点，是传统建筑再利用的很普遍的一种模式。在将传统建筑及其保护区开发为旅游景点时，必须明确保护传统建筑的历史文化价值与旅游景区经济效益之间的从属关系，发展旅游业是保护传统建筑的手段，不是目的。多年来，旅游业的蓬勃发展致使其经济效益迅速增长，在利益的诱惑下，为了发展旅游业，出现了拆除真文物、兴建假古董的恶劣行为，这便是没有明确二者主次从属关系的后果。

案例1：四川成都杜甫草堂

1. 简介

现存成都杜甫草堂博物馆（简称杜甫草堂）的传统建筑主要分为三大区域，

① 黄健. 关于保护与开发自贡井盐文化遗产的一些设想[J]. 盐业史研究，2011（03）：49-52.

从西至东分别是梅园、草堂旧址陈列馆和草堂寺。草堂旧址、草堂寺两大建筑群均系清代所建，建筑总面积为11878平方米，前者由正门、大廨（图6-6）、诗史堂（图6-7）、柴门、工部祠（图6-8）等五重主体建筑构成中轴线，两旁配以回廊、东西陈列室以及恰受航轩和水竹居；后者由山门、天王殿、大雄宝殿、戒堂、藏经楼五重主体建筑以及东西方丈、塔院等附属建筑组成，具有典型的庙宇风格。同时，草堂内还有与建筑群交相辉映的清幽秀雅的川西园林①。

图6-6　大廨（作者自摄）

图6-7　诗史堂（作者自摄）

图6-8　工部祠（作者自摄）

① 陈宁. 成都杜甫草堂今昔变迁中的古建筑保护[J]. 地方文化研究辑刊，2019（01）：99-106.

中国古代祠宇建筑基本格调和特点在草堂旧址传统建筑的形制有所体现。大门的平面呈矩形，用中柱分心造，明间开门，前后用踏道，成为过厅式建筑。诗史堂建设在中轴线的中段，是草堂建筑的重要组成部分，十分宽敞，门前正中立杜甫像，堂内陈列有楹联、匾额。大廨、诗史堂与两侧草堂留后世、诗圣著千秋在回廊的联接下形成了纪念空间，规整而封闭。

作为一个供公众纪念的园林场所，杜甫草堂的大廨、柴门均设为敞厅形式，前后可观园景，诗史堂与工部祠于半柱上开设花窗，既可以通风采光又可组景，且将圆形大窗开设在两堂内墙稍高处，不设窗棂，具通透之感。

总体来说，草堂建筑群整体风格朴素典雅，建筑物较矮小，不加装饰与雕琢，结构简单。

2. 保护与利用

成都杜甫草堂博物馆有着深厚的历史底蕴与文化积淀，在保护传统建筑原有建筑形制、建筑结构、建筑材料以及工艺技术的基础上，杜甫草堂通过旅游资源保护与开发，将本身原有的园林整合、修建，形成了独特的开发模式。

（1）古建保护修复

自1952年杜甫草堂经全面整修对外开放后至今，已历经多次整修，2004年依据草堂原貌和历史遗迹对万佛楼进行了恢复重建。2006年由西安交通大学古迹与古建筑研究所和陕西省古建设计研究所共同编制了《成都杜甫草堂保护规划》，意在实现对杜甫草堂有效保护。该保护规划方案已于2007年通过国家文物局的批复，为后面杜甫草堂的文物保护提供了规划实施依据。

（2）传承文化内涵

杜甫是中国历史上集大成的诗圣，是国际公认的世界文化名人，一生经历了大唐王朝由盛而衰的转折阶段，深受磨难的诗人为后世留下了许多真实而生动的反映当时社会现实的不朽诗作。草堂中丰富的藏品、展品，草堂的建筑、园林由唐至今的变化扩展过程，草堂诸建筑的楹联匾额，历代诗人咏草堂的诗歌，都极大地拓展了杜甫草堂环境中的文化内涵，使它成为唐代成就辉煌的诗歌文学乃至中华文化的集中展示和重要载体①。

杜甫草堂通过深入挖掘文化底蕴，加大对文化产品的利用力度，努力提升文化营销，将非遗技艺与文化创意相结合，制作出一系列精美实用的文创产品，在

① 刘怡，雷耀丽. 文物保护中环境价值的传承与诠释——成都杜甫草堂保护规划的思考[J]. 华中建筑，2006（08）：131-134.

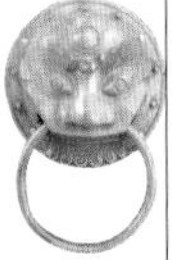

博物馆大型文创馆里进行展示和销售。此外，杜甫草堂博物馆着重非遗文化的活态展示，如一直致力于保护传承古籍修复这一技艺，承担着本馆馆藏及其他公藏单位的书画、古籍、拓片等纸质文物修复任务，并于2013年成为四川省国家级古籍修复中心分中心[①]。

（3）发展旅游活动

1985年杜甫纪念馆更名为成都杜甫草堂博物馆，被国家旅游局评定为国家AAAA级旅游景区。景区以茅屋故居为中心，以杜甫草堂的历史文化内涵为背景，结合园林设计打造，以“故居＋园林”为主要模式。

在旅游经济不断发展的今天，杜甫草堂不仅围绕杜甫开展传统旅游观光项目，同时通过打造体验式旅游项目，增强游客的体验感。如通过开展“人日游草堂”节庆活动，承载老百姓的精神寄托，具有重要的旅游吸引力和文化影响力。“人日游草堂”节庆活动现已成为杜甫草堂意义重大的文化节庆，在2011年被列入了四川省非物质文化遗产项目。“人日游草堂”也成为杜甫草堂重要的文化品牌，吸引更多的观众来到博物馆体验，发挥了博物馆传承优秀传统文化的功能。

案例2：山西祁县乔家大院

1. 乔家大院的历史沿革与独特价值

乔家大院位于山西省祁县东观镇乔家堡村，为清代著名富商大贾乔致庸的宅院。这座大院又名“在中堂”，是到目前为止我国北方现存最为完整的一处清代民居建筑群，占地面积10642平方米，建筑面积4175平方米，分6个大院，20个小院，共313间房屋。大院三面临街，四周均建有高度大概十余米的封闭式砖墙。东墙偏南位置设有大院正门，坐西向东。由正门向里是一条东西向的石铺甬道，乔家祖先祠堂伫立在甬道尽头，与大门遥遥相对。甬道南北两侧各分布有三个大院，北面第一、二院格局相同，为三进里五外三穿心楼院，第三院为内宅花园；南面三个院落为正偏院建筑结构（图6-9）。[②]

乔家大院“在中堂”封闭式院落建筑群并非一次完工，而是分三期工程修建而成的。清乾隆二十年（1755）开始修建筒楼院正院，嘉庆初年（1796）筒楼院

① 王婉琪. 论非物质文化遗产在博物馆中的旅游应用——以成都杜甫草堂博物馆为例[J]. 旅游纵览（下半月），2019（18）：174-175.

② 刘李华. 祁县乔家大院文化遗产保护研究与实践[J]. 文物世界，2015（02）：40-41.

图6-9　乔家大院外立面（易兵摄）

偏院修建完工。同治初年（1861）开始在筒楼院西侧隔小巷处扩建明楼院正院；同治十年（1871），在与两楼院以南隔街相对的地方，又相继修建了两座四合院，即东南院正院和西南院正院；光绪十九年（1893），增建了明楼院偏院和西南院偏院。不久后又在北面两座楼院南分别扩建了一个外跨院。同期，修建了东南院偏院，并在筒楼院与东南院之间的甬道东尽头处修建了大门。民国十年（1921），在西南院、明楼院西侧分别起建了两座院落，即新院和书房院，并在这两座院之间的甬道西端建了家族祠堂。虽然扩建历经二百多年的时间，该院落的建筑风格却并无违和之感，浑然一体。①

乔家大院院落布局设计合理，构思精巧。正院悬山顶、硬山顶、卷棚顶等各式瓦房顶与偏院的平房顶高低错落，鳞次栉比。院内斗拱飞檐，巧夺天工。其砖、木、石雕、彩绘等工艺精湛，寓意吉祥。大院建筑群外视巍峨高耸，内观井然有序，集中体现了我国清代北方民居建筑的独特风格，乔家大院所特有的建筑体系和艺术风格具有很高的科学、历史、艺术价值，被誉为“清代北方民居建筑史上罕见的一颗璀璨明珠”，其传统民居建筑设计精巧考究，建筑形制生动丰富，施工技术细致精湛，充分显示了山西晋商大院高超的建筑技术和工艺水平。②

2001年6月25日，乔家大院被国务院公布为全国重点文物保护单位。2006年12月15日，乔家大院被列入世界文化遗产预备名单。

① 刘李华. 祁县乔家大院文化遗产保护研究与实践[J]. 文物世界，2015（02）：40-41.

② 刘李华. 祁县乔家大院文化遗产保护研究与实践[J]. 文物世界，2015（02）：40-41.

2. 乔家大院文化遗产的有效保护与合理利用

1984年，祁县县委、县政府对乔家大院进行开发，成立祁县民俗博物馆和祁县文物管理所，并且将乔家大院传统建筑进行全了面维修保护。1986年11月1日，该博物馆正式对外开放。在对外开放的同时，多年来乔家大院对院内的传统建筑也进行了一系列的翻修。如在不改变原状的原则下，对部分建筑的屋顶进行了翻修，并且更换了一些大木构件。在保持原航道布局形式基本不变的情况下，组织专业技术人员对大院的地下水道进行了综合整治疏通；对室内外破损地面进行了修补铺墁；对院内酥碱风化的砖墙，进行了剔补或抹面保护；对暴露于室外的门窗、木柱等进行了油饰保养；修复了院内屋顶残破的烟囱；复原了在中堂院内多处被拆除的建筑。①

近年来，在“科学保护、合理修缮”的原则下，为再现乔家大院原有的历史风貌，在乔家原址的基础上又恢复修建了德兴堂、宁守堂、保元堂及花园，形成“四堂一园”的建筑格局。乔家大院民俗博物馆不仅馆址扩大，其陈列的内容逐步更新拓展。

在安全工作中，乔家大院采用人防、技防一体化的方式，安全消防基础设施也逐渐配备完善，并且对环境污染和噪声污染等加以防控。2008年以来，全院逐步增建了地下管道消防系统和屋顶防渗漏保护工程。多年来，乔家大院民俗博物馆对乔家大院文化遗产进行了科学的、必要的维修保养，遏制和延缓了大自然对传统建筑的破坏，切实有效地维持了传统建筑的完整性和真实性。

3. 乔家大院文化遗产的深入研究与传承发展

作为文物古迹与博物馆相结合的文化场所，乔家大院民俗博物馆不仅具有博物馆职能，还具有文化旅游景点的特征，乔家大院作为一个文化旅游景点，刚开始社会推出就受到社会各界的关注，吸引大批游客驻足观赏（图6–10，图6–11）。

作为山西省重要旅游景点之一，乔家大院利用自身所独有的优势和特点，将抢救、保护文化遗产与民俗文化的研究、传承和发展巧妙结合。其民居建筑精品与丰富独特的民俗展览相得益彰，使有形的文化遗产和无形的优秀传统文化得以利用和弘扬，使遗产保护和文化旅游在可持续发展中协调发展。

2014年11月，乔家大院文化园区入选国家AAAAA级旅游景区，有了更多在境内外宣传和推广的机会，吸引了越来越多的国内外游客前来，感受乔家大院的

① 刘李华. 祁县乔家大院文化遗产保护研究与实践[J]. 文物世界，2015（2）：40–41.

图6-10　乔家大院院落（易兵摄）

图6-11　乔家大院内景（易兵摄）

独特魅力。

四、商业模式

功能置换是传统建筑再利用中较常见的形式之一。一般改建前后的建筑空间具有一定的通用性、兼容性和可调节性。具有良好的空间匹配关系是传统建筑进行适宜性再利用的一个有利条件①，多重适宜性、最佳匹配和对位关系可以达到对原建筑最小化干预，进而植入商业模式对传统建筑进行再利用。

案例：上海新天地广场

新天地广场位于上海市黄浦区太仓路181弄，兴业路把整个广场分为南里与北里两个部分。并且它在地段上具有一个得天独厚的优势，这就是兴业路上有上海重要的革命历史文物保护单位——中国共产党第一次代表大会的会址。

这一会址的存在让广场所在地的两个地块被划入上海市“思南路历史风貌保护区”中。为了确保这些建筑在旧城改造后不会被淹没在极不协调的环境中，因此在其周围划定了风貌保护范围，以保护其环境风格；并对保护区内的建筑提出三个保护层次：核心保护、协调性保护与再开发性保护。在兴业路历史风貌保护区中，一大会址为该区的核心保护对象，它附近的建筑是协调保护对象，其他建筑可以是再开发性的保护。然而现在新天地广场把紧邻与正对着一大会址的建筑风貌和广场北里大片老式石库门里弄的旧时风貌均保护下来。新天地广场在风貌保护上的成功与开发商——香港瑞安集团对这个地块的开发理念息息相关。1997年，经过多方面的分析与研究，瑞安集团提出了改造这一地区的理念：保留原有文化特色，改变原先居住功能，赋予新的商业经营价

图6-12　新天地广场（作者自摄）

① 杨春. 汉中市西汉三遗址历史文化街区传统民居院落空间保护研究[D]. 西安：西安建筑科技大学硕士学位论文，2019.

值，改造成一片新天地（图6–12）[①]。

新天地广场的整个保护、改造与开发过程难度较大。以新天地北里为例，在这个面积不到2平方千米的地块上原先建有15个纵横交错的里弄，密布着约30平方千米的危房旧屋。其中最早的建于1911年，最迟的建于1933年。它们中有的能直达马路的弄堂口，有的则要借道其他里弄才能进出，因此在规划时首先要厘清它们的位置，要在密密麻麻的旧屋中合理规划，留出一些公共空间。在规划公共空间的同时，也应该能为广场增色的、具有石库门里弄文化特征的建筑与部件保留下来，对其加以利用。

广场中最有主导作用的部分是广场的南北主弄。广场整体风格传统与现代相结合，既有用黑色大理石赫与玻璃建成的现代风格的瀑布水池，也有青砖与红砖相结合的传统清水砖墙。大量弄堂口和石库门被保留下来，其中Le Club（酒吧会所）下面具有明显西洋风格的原明德里弄堂口和La Maison（法国乐美颂歌舞厅）下面原墩和里的一连九个朝东的石库门，较具特色并且较能引起游人共鸣。由于新天地广场的主要职能是休闲娱乐，因此运用玻璃门扇替换掉原来石库门的黑漆木门，增加交互之感。原来里弄排屋之间的小巷被全部保留，成为南北主弄的支弄。主弄地面铺砌的主要是花岗石，而支弄地面则全部铺以旧房子拆下来的青砖。接近兴业路部分的主弄设有一段覆盖玻璃拱顶的廊，商店与进入石库门展览馆的入口设在两侧：廊的南北两端有两个拱门，连接起南里和北里（图6–13、图6–14）。

图6–13　主弄街巷空间（作者自摄）

图6–14　支弄街巷空间（作者自摄）

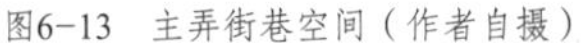

① 罗小未. 上海新天地广场——旧城改造的一种模式[J]. 时代建筑，2001（04）：24–29.

石库门里弄并没有什么特别的标志性建筑，这是因为北里力求全面与逼真地保护石库门里弄的原始风貌。Luna（地中海路娜餐厅）虽部分采用了现代风格和玻璃幕墙，但其尺度与色彩，特别是在新与旧的交接上并无违和之感。而那些精心保护下来的海派文化的代表——既中西合璧与精工细琢的弄堂口与石库门以及一些独具特色的阳台，时常会吸引行人的目光。

往广场南里看去，南端几幢纯现代风格的商业与娱乐性建筑确实有点突兀。但细想一下，目前新天地广场因地处市中心区，其周围已建了许多高楼。在一个现代的城市中，对历史街区的保护规划是有边界的。这些现代风格的商业与娱乐性建筑将会是广场内部的旧式里弄风貌与广场对面的现代高楼的一个过渡（图6-15）。

图6-15　主弄中端的小广场（作者自摄）

图6-16　新天地一号（作者自摄）

新天地广场在传统建筑的改造与再利用方面面临很多挑战，且难度较大。以石库门里弄为例，该处危房较多，基础设施不足，地板与框架均已腐朽，轻微的碰撞都有可能导致其倒塌。经过数次试验，当地政府终于找到了合适的改造方案。特别是像Ark和La Maison那些兼有演出的餐厅，其整体都因其需要宽敞空间和供演出使用的机电设施而进行了彻底整修。事实上几乎所有的传统建筑均要彻底整修才能重新使用，因而造价非常昂贵。在新天地广场中只有一幢建筑（现称新天地一号）是仅通过修缮就可以重新利用的。其布局是上海典型的两厢一厅，立面则是中西合壁的样式（图6–16）。该建筑为混合结构，质量较好，内部有精美的花纹与线脚为装饰。它曾被埋没在许多破房旧屋之中，经过清理、加固与修复，现为招待贵宾的会所。

第三节　小　结

中国社会整体发展的日新月异和人们文化生活水平的不断提高，引发了对传统建筑科学合理改造的社会性需求，各地传统建筑保护与改造工作也取得了丰硕成果。显然，传统建筑具有新建建筑无法替代的人文历史价值，科学的改造与利用，不但能使传统建筑重新焕发活力，而且能够帮助人们与城市产生直接的历史性对话，进而引导人们在生活过程中了解城市和它的历史。因此，提高建筑物在有效期内的使用合理性，会延伸城市的文脉、节约资源、减少不必要的拆建费用，更有利于保护历史文化遗产[①]。在众多的对于传统建筑再利用实践中，传统建筑艺术历史文化价值的展现平台不仅仅局限于博物馆或者旅游景区，通过如今的商业运营，将传统建筑融入现代化的商业消费生活，使它们的价值在人们消费与休闲中得以展现，已经越来越普遍地被接受，并积极地研究与推广。

课后思考

1. 简述国内外传统建筑再利用的发展历程以及其中的重要理论。
2. 传统建筑的再利用与传统建筑保护有着何种关系？
3. 试说明原功能延续模式与博物馆模式的概念，并简述二者的不同之处。
4. 举例说明传统建筑再利用商业模式特点。

① 张炜，孔莹. 旧建筑再利用的价值研究——济南小广寒电影文化主题餐厅改造设计[J]. 山东建筑大学学报，2014（04）：362–363.

附　录

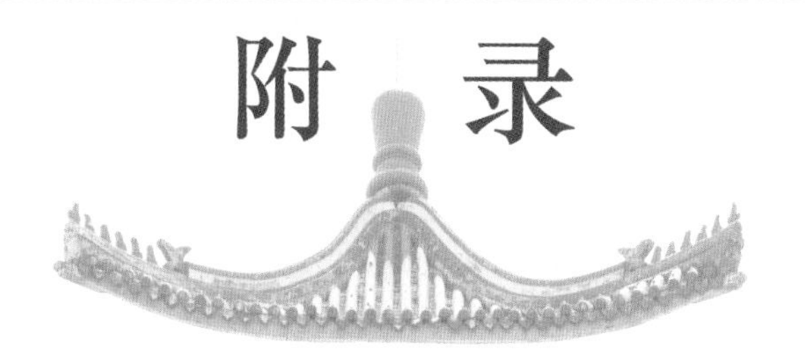

附录一　中国世界遗产名录

2023年，良渚入选世界遗产名录，至此，中国共有56处世界遗产。

1. 山东泰山：泰山（山东泰安市）、岱庙（山东泰安市）、灵岩寺（山东济南市）| 1987.12 | 文化与自然双重遗产（世界首个文化与自然双重遗产）

2. 甘肃敦煌莫高窟 | 1987.12 | 文化遗产

3. 周口店北京人遗址 | 1987.12 | 文化遗产

4. 长城 | 1987.12 | 文化遗产

5. 陕西秦始皇陵及兵马俑 | 1987.12 | 文化遗产

6. 明清皇宫：北京故宫（北京）| 1987.12 | 沈阳故宫（辽宁）| 2004.7 | 文化遗产

7. 安徽黄山 | 1990.12 | 文化与自然双重遗产

8. 四川黄龙国家级名胜区 | 1992.12 | 自然遗产

9. 湖南武陵源国家级名胜区 | 1992.12 | 自然遗产

10. 四川九寨沟国家级名胜区 | 1992.12 | 自然遗产

11. 湖北武当山古建筑群 | 1994.12 | 文化遗产

12. 山东曲阜三孔（孔庙、孔府及孔林）| 1994.12 | 文化遗产

13. 河北承德避暑山庄及周围寺庙 | 1994.12 | 文化遗产

14. 西藏布达拉宫（大昭寺、罗布林卡）| 1994.12 | 文化遗产

15. 四川峨眉山—乐山风景名胜区 | 1996.12 | 文化与自然双重遗产

16. 江西庐山风景名胜区 | 1996.12 | 文化景观

17. 苏州古典园林 | 1997.12 | 文化遗产

18. 山西平遥古城 | 1997.12 | 文化遗产

19. 云南丽江古城 | 1997.12 | 文化遗产

20. 北京天坛 | 1998.11 | 文化遗产

21. 北京颐和园 | 1998.11 | 文化遗产

22. 福建省武夷山 | 1999.12 | 文化与自然双重遗产

23. 重庆大足石刻 | 1999.12 | 文化遗产

24. 安徽古村落：西递、宏村 | 2000.11 | 文化遗产

25. 明清皇家陵寝：明显陵（湖北钟祥市）、清东陵（河北遵化市）、清西陵（河北易县）| 2000.11 | 明孝陵（江苏南京市）、明十三陵（北京昌平区）| 2003.7 |、盛京三陵（辽宁沈阳市）| 2004.7 | 文化遗产

26. 河南洛阳龙门石窟 | 2000.11 | 文化遗产

27. 四川青城山和都江堰 | 2000.11 | 文化遗产

28. 云冈石窟 | 2001.12 | 文化遗产

29. 云南“三江并流”自然景观 | 2003.7 | 自然遗产

30. 吉林高句丽王城、王陵及贵族墓葬 | 2004.7 | 文化遗产

31. 澳门历史城区 | 2005 | 文化遗产

32. 四川大熊猫栖息地 | 2006.7 | 自然遗产

33. 中国安阳殷墟 | 2006.7 | 文化遗产

34. 中国南方喀斯特 | 2007.6 | 自然遗产（2014.6.23增补二期）

35. 开平碉楼与古村落 | 2007.6 | 文化遗产

36. 福建土楼 | 2008.7 | 文化遗产

37. 江西三清山 | 2008.7 | 自然遗产

38. 山西五台山 | 2009.6 | 文化景观

39. 嵩山“天地之中”古建筑群 | 2010.7 | 文化遗产

40. 中国丹霞 | 2010.8 | 自然遗产

41. 杭州西湖文化景观 | 2011.6 | 文化景观

42. 元上都遗址 | 2012.6 | 文化遗产

43. 澄江化石地 | 2012.7 | 自然遗产

44. 新疆天山 | 2013.6 | 自然遗产

45. 红河哈尼梯田文化景观 | 2013.6 | 文化景观

46. 中国大运河 | 2014.6 | 文化遗产

47. 丝绸之路：长安—天山廊道的路网｜2014.6｜文化遗产
48. 土司遗址｜2015.7｜文化遗产
49. 左江花山岩画文化景观｜2016.7｜文化遗产
50. 湖北神农架｜2016.7｜自然遗产
51. 鼓浪屿历史国际社区｜2017.7｜文化遗产
52. 可可西里｜2017.7｜自然遗产
53. 贵州梵净山｜2018.7｜自然遗产
54. 中国黄（渤）海候鸟栖息地（第一期）｜2019.7｜自然遗产
55. 良渚古城遗址｜2019.7｜文化遗产
56. 泉州：宋元中国的世界海洋商贸中心｜2021.7｜文化遗产

附录二　中外历史文化名城名录

中国历史文化名城

第一批（国务院1982年2月8日批准，共24个）：北京、承德、大同、南京、苏州、扬州、杭州、绍兴、泉州、景德镇、曲阜、洛阳、开封、江陵、长沙、广州、桂林、成都、遵义、昆明、大理、拉萨、西安、延安。

第二批（国务院1986年12月8日批准，共38个）：上海、天津、沈阳、武汉、南昌、重庆、保定、平遥、呼和浩特、镇江、常熟、徐州、淮安、宁波、歙县、寿县、亳州、福州、漳州、济南、安阳、南阳、商丘、襄樊、潮州、阆中、宜宾、自贡、镇远、丽江、日喀则、韩城、榆林、武威、张掖、敦煌、银川、喀什。

第三批（国务院1994年1月4日批准，共37个）：正定、邯郸、新绛、代县、祁县、哈尔滨、吉林、集安、衢州、临海、长汀、赣州、青岛、聊城、邹城、临淄、郑州、浚县、随州、钟祥、岳阳、肇庆、佛山、梅州、海康、柳州、琼山、乐山、都江堰、泸州、建水、巍山、江孜、咸阳、汉中、天水、同仁。

增补的国家历史文化名城（2001年至2023年3月，共42个）：

山海关、凤凰、濮阳、安庆、泰安、海口、金华、绩溪、吐鲁番、特克斯、无锡、南通、北海、宜兴、嘉兴、太原、中山、蓬莱、会理、库车、伊宁、泰州、会泽、烟台、青州、湖州、齐齐哈尔、常州、瑞金、惠州、温州、高邮、永州、长春、龙泉、蔚县、辽阳、通海县、黟县、桐城、抚州、九江。

世界历史文化名城

开罗，雅典、罗马、巴格达、耶路撒冷、伊斯坦布尔、佛罗伦萨、威尼斯、孟买、新德里、维也纳、巴黎、伊斯兰堡、德黑兰、名古屋、大板、梵蒂冈、柏林、伦敦、奥斯陆、莫斯科，等等。

附录三　四川地区历史文化名城名镇名村（截至2020年9月）

一、国家级历史文化名城

国家级历史文化名城7个：成都、阆中、宜宾、自贡、泸州、乐山、都江堰。

二、国家级历史文化名镇（村）

国家级历史文化名镇8个：邛崃市平乐镇、大邑县安仁镇、双流县（今成都市双流区）黄龙溪镇、阆中市老观镇、富顺县仙市镇、合江县尧坝镇、古蔺县太平镇、宜宾市翠屏区李庄镇。

国家级历史文化名村2个：攀枝花市仁和区平地镇迤沙拉村、丹巴县梭坡乡莫洛村。

三、省级历史文化名城

省级历史文化名城27个：巴中、通江、剑阁、资中、邛崃、崇州、新都、松潘、江油、眉山、叙永、广元、西昌、南充、三台、会理、芦山、旺苍、广汉、绵阳、绵竹、雅安、什邡、江安、罗江、荥经、蓬安。

四、省级历史文化名镇（村）

省级历史文化名镇30个：成都市龙泉驿区洛带镇、新都县（今成都市新都区）新繁镇、青白江区城厢镇、邛崃市茶园乡、崇州市街子镇、崇州市怀远镇、崇州市元通镇、蒲江县西来镇、金堂县五凤镇，泸州市泸县立石镇、合江县福宝镇，达州市大竹县清河镇、达县（今达州市达川区）石桥镇，眉山市洪雅县高庙镇、洪雅县柳江镇、彭山县（今眉山市彭山区）江口镇，甘孜藏族自治州德格县更庆镇，凉山彝族自治州西昌市礼州镇，雅安市上里镇、石棉县安顺场镇，宜宾市屏山县龙华镇，广元市昭化镇、旺苍县木门镇，乐山市犍为县罗城镇，巴中市恩阳镇，资阳市资中县铁佛镇、资中县罗泉镇，绵阳市三台县妻江镇、江油市青莲镇，德阳市孝泉镇。

省级历史文化名村3个：泸县兆雅镇新溪村、阆中市天宫乡天宫院村、眉山市东坡区尚义镇中心村。

附录四　第一批国家级历史文化街区名单

1. 北京市皇城历史文化街区
2. 北京市大栅栏历史文化街区
3. 北京市东四三条至八条历史文化街区
4. 天津市五大道历史文化街区
5. 吉林省长春市第一汽车制造厂历史文化街区
6. 黑龙江省齐齐哈尔市昂昂溪区罗西亚大街历史文化街区
7. 上海市外滩历史文化街区
8. 江苏省南京市梅园新村历史文化街区
9. 江苏省南京市颐和路历史文化街区
10. 江苏省苏州市平江历史文化街区

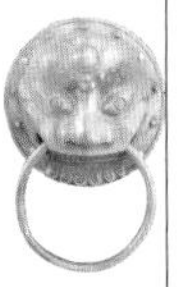

11. 江苏省苏州市山塘街历史文化街区
12. 江苏省扬州市南河下历史文化街区
13. 浙江省杭州市中山中路历史文化街区
14. 浙江省龙泉市西街历史文化街区
15. 浙江省兰溪市天福山历史文化街区
16. 浙江省绍兴市蕺山（书圣故里）历史文化街区
17. 安徽省黄山市屯溪区屯溪老街历史文化街区
18. 福建省福州市三坊七巷历史文化街区
19. 福建省泉州市中山路历史文化街区
20. 福建省厦门市鼓浪屿历史文化街区
21. 福建省漳州市台湾路—香港路历史文化街区
22. 湖北省武汉市江汉路及中山大道历史文化街区
23. 湖南省永州市柳子街历史文化街区
24. 广东省中山市孙文西历史文化街区
25. 广西壮族自治区北海市珠海路—沙脊街—中山路历史文化街区
26. 重庆市沙坪坝区磁器口历史文化街区
27. 四川省阆中市华光楼历史文化街区
28. 云南省石屏县古城区历史文化街区
29. 新疆维吾尔自治区库车县热斯坦历史文化街区
30. 新疆维吾尔自治区伊宁市前进街历史文化街区

附录五 四川省全国重点文物保护单位目录（第一至七批）

1. 成都市

武侯祠｜杜甫草堂｜王建墓｜都江堰｜辛亥秋保路死事纪念碑｜什邡堂邛窑

遗址｜明蜀王陵｜杨升庵祠及桂湖｜大邑刘氏庄园｜成都平原史前城址｜十二桥遗址｜成都古蜀船棺合葬墓｜宝光寺｜石塔寺石塔｜观音寺｜罨画池｜水井街酒坊遗址｜金沙遗址｜孟知祥墓｜彭州佛塔｜淮口瑞光塔｜望江楼古建筑群｜洛带会馆｜蒲江石窟｜邛崃石窟｜领报修院｜江南馆街街坊遗址｜玉堂窑址｜灵岩寺及千佛塔｜灌口城隍庙｜奎光塔｜寿安陈家大院｜青城山古建筑群｜北周文王碑及摩崖造像｜平安桥天主教堂｜四川大学早期建筑｜新场川王宫

2. 自贡市

桑海井｜西秦会馆｜富顺文庙｜荣县大佛石窟｜吴玉章故居｜荣县镇南塔｜自贡桓侯宫｜吉成井盐作坊遗址｜东源井古盐场｜张伯卿公馆

3. 泸州市

龙脑桥｜泸州大曲老窖池｜泸县宋墓｜春秋祠｜神臂城遗址｜合江崖墓群｜罗盘嘴墓群｜报恩塔｜泸县龙桥群｜尧坝镇古建筑群｜泸县屈氏庄园｜玉蟾山摩崖造像｜清凉洞摩崖造像

4. 德阳市

三星堆遗址｜德阳文庙｜剑南春酒坊遗址｜塔梁子崖墓群｜庞统祠墓｜雒城遗址｜中江北塔｜龙护舍利塔｜龙居寺中殿｜慧剑寺

5. 绵阳市

平阳府君阙｜云岩寺｜郪江崖墓群｜七曲山大庙｜平武报恩寺｜老君山硝洞遗址｜李业阙｜卧龙山千佛岩石窟｜永平堡古城｜河边九龙山崖墓群｜开禧寺｜鱼泉寺｜潼川古城墙｜云台观｜尊胜寺｜马鞍寺｜青林口古建筑群｜碧水寺摩崖造像

6. 广元市

皇泽寺摩崖造像｜广元千佛崖摩崖造像｜觉苑寺｜剑门蜀道遗址｜青川郝家坪战国墓群｜鹤鸣山道教石窟寺及石刻

7. 遂宁市

鹫峰寺塔｜广德寺｜宝梵寺｜陈子昂读书台｜卓筒井｜慧严寺大殿｜饶益寺｜蓬溪奎塔｜高峰山古建筑群

8. 内江市

隆昌石牌坊｜资中文庙和武庙｜顺河崖墓群｜圣水寺｜盐神庙｜翔龙山摩崖造像

9. 乐山市

乐山大佛｜峨眉山古建筑群｜大庙飞来殿｜麻浩崖墓｜杨公阙｜犍为文庙｜夹江千佛岩石窟｜乐山郭沫若故居｜离堆｜三江白塔

10. 南充市

朱德故居｜张桓侯祠｜阆中永安寺｜五龙庙文昌阁｜玉台山石塔｜无量宝塔｜醴峰观｜张澜旧居｜阆中观音寺｜西充文庙｜巴巴寺｜川北道贡院｜禹迹山摩崖造像｜大像山摩崖造像｜丁氏庄园

11. 眉山市

江口崖墓｜瑞峰崖墓群｜眉山报恩寺｜三苏祠｜双堡牌坊｜牛角寨石窟｜丹棱白塔｜甘泉寺｜郑山、刘嘴摩崖造像｜能仁寺摩崖造像｜中岩寺摩崖造像｜冒水村摩崖造像｜曾家园

12. 宜宾市

僰人悬棺葬｜真武山古建筑群｜夕佳山民居｜黄伞崖墓群｜石城山崖墓群｜旋螺殿｜隘口石坊｜中国营造学社旧址｜五粮液老窖池遗址｜七个洞崖墓群｜南广河流域崖墓群及石刻｜旧州塔｜楞严寺｜南溪城墙｜宜宾大观楼

13. 广安市

安丙家族墓地｜邓小平故居｜宝箴寨｜广安白塔｜冲相寺摩崖造像

14. 达州市

渠县汉阙｜罗家坝遗址｜城坝遗址｜开江牌坊｜真佛山庙群｜渠县文庙｜列宁街石牌坊及红军标语

15. 雅安市

高颐墓阙及石刻｜樊敏阙及石刻｜严道城址｜平襄楼｜芦山青龙寺大殿｜开善寺正殿｜名山文庙｜九襄石牌坊

16. 巴中市

红四方面军总指挥部旧址｜南龛摩崖造像｜通江千佛岩石窟｜通江红军石刻标语群｜白乳溪石窟

17. 资阳市

安岳石窟｜毗卢洞石刻造像｜圣德寺塔｜木门寺｜陈毅故居｜铁佛守崖墓群｜困佛寺摩崖造像｜半月山摩崖造像

18. 阿坝藏族羌族自治州

卓克基土司官寨｜直波碉楼｜松潘古城墙｜棒托寺｜营盘山和姜维城遗址｜措尔机寺｜日斯满巴碉房｜阿坝红军长征遗迹｜哈休遗址｜大藏寺｜甲扎尔甲山洞窟壁画｜曾达关碉｜筹边楼｜沃日土司官寨经楼与碉｜达扎寺

19. 甘孜藏族自治州

泸定桥｜德格印经院｜丹巴古碉群｜松格嘛呢石经城和巴格嘛呢石经墙｜波日桥｜白利寺｜罕额依新石器时代文化遗址和汉代石棺葬墓群｜白玉嘎托寺｜拉日马石板藏寨｜乡城夯土碉楼｜长青春科尔寺｜噶丹·桑披罗布岭寺｜八邦寺｜穆日玛尼石经墙

20. 凉山彝族自治州

大洋堆遗址｜凉山大石墓群｜博什瓦黑岩画

21. 跨省区市

茶马古道（成都、雅安、甘孜、阿坝、凉山）| 红军四渡赤水战役旧址（泸州）

主要参考文献

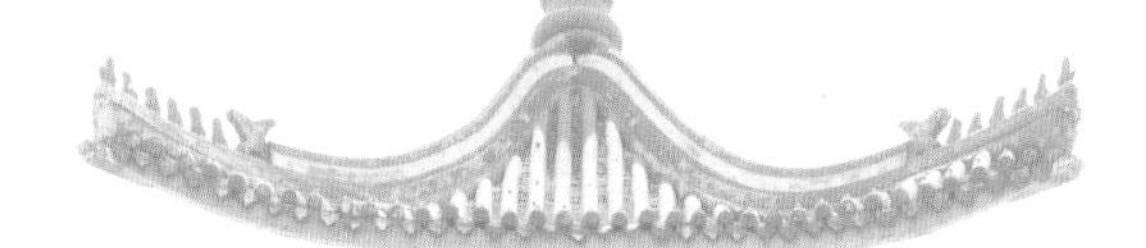

专　著

[1]　夏征农. 辞海[M]. 上海：上海辞书出版社，1999.

[2]　王景慧等. 历史文化名城保护理论与规划[M]. 上海：同济大学出版社，1999.

[3]　向云驹. 人类口头和非物质遗产[M]. 银川：宁夏人民教育出版社，2004.

[4]　梁思成. 梁思成全集（第五卷）[M]. 北京：中国建筑工业出版社，2001.

[5]　杨大禹. 云南民居[M]. 北京：中国建筑工业出版社，2009.

[6]　薛林平. 建筑遗产保护概论（第二版）[M]. 中国建筑工业出版社，2017.

[7]　康玉庆，何乔锁. 中国旅游文化[M]. 北京：中国科学技术出版社，2005.

[8]　吴良镛. 北京旧城与菊儿胡同[M]. 北京：中国建筑工业出版社，1994：68

[9]　张艳华. 在文化价值和经济价值之间：上海城市建筑遗产（CBH）保护与再利用[M]. 北京：中国电力出版社，2007.

期　刊

[1]　曾琼毅. 文化遗产框架下历史街区概念的诠释[J]. 四川建筑，2010，30（03）：17-18.

[2]　单霁翔. 文化保护视野应顺时而变[J]. 北京观察，2012（05）：8-9.

[3]　阮仪三. 历史建筑与城市保护的历程[J]. 时代建筑，2000（03）：10-13.

[4]　张兵，康新宇. 中国历史文化名城保护规划动态综述[J]. 中国名城，2011

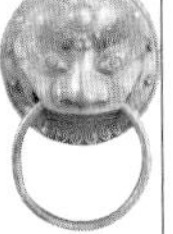

（01）：27-33.

[5] 吕宁.从艺术价值到文化价值——以几个保护实践为例浅析中国遗产保护价值观转变[J]建筑师，2016（02）：67-72.

[6] 王燕.文旅融合视角下历史文化名城的保护与可持续发展——以云南建水古城为例[J].人文天下，2018（21）：65-71.

[7] 邵甬，胡力骏，赵洁，陈欢.人居型世界遗产保护规划探索——以平遥古城为例[J].城市规划学刊，2016（05）：94-102.

[8] 王铁铭.乌镇的历史文化与建筑遗产[J].中华民居（下旬刊），2014（04）：173-175.

[9] 王甜，傅红，魏久平.云南和顺李氏宗祠建筑空间特征研究[J].工业建筑，2017.

[10] 傅红，罗谦.剖析会馆文化透视移民社会——从成都洛带镇会馆建筑谈起[J].西南民族大学学报（人文社科版）2004（04）：382-385.

[11] 杜海辰，傅红，李沄璋，曹毅.川南明珠——宜宾李庄张家祠堂建筑空间浅析[J].建筑与文化，2014（08）：190-193.

[12] 李秋香.晋南乡村防御建筑——郭裕村的城墙和御楼[J].中国建筑史论汇刊，2012（01）：361-380.

[13] 曹雪梅，刘琨.以重建生产力为目标编制灾后重建规划——以龙溪乡羌人谷东门寨灾后重建规划为例[J].四川大学学报（工程科学版），2010，42（A1）：63-69.

[14] 谢辉，梅铮铮.成都武侯祠的历史沿革与保护发展[J].中国文化遗产，2016（06）：4-10.

[15] 朱宇华，吕舟，魏青.文物建筑工程灾后紧急响应工作初探——以“5·12”地震二王庙灾后抢险清理工程为例[J].古建园林技术，2010（04）：15-20+82-83.

[16] 梅联华.对城市化进程中文化遗产保护的思考[J].山东社会科学，2011（01）：56-60.

[17] J.诸葛力多，于丽新.关于国际文化遗产保护的一些见解[J].世界建筑，1986（03）：11-13.

[18] 徐文颖，李沄璋，曹毅.华西坝历史建筑装饰特征探究——以怀德堂、懋德堂为例[J].建筑与文化，2014（07）：180-183.

[19] 石志敏，周乾，晋宏逵，张学芹. 故宫太和殿木构件现状分析及加固方法研究[J]. 文物保护与考古科学，2009，21（01）：15–21.

[20] 高春梅，程新良，王波. 建立历史文化名城的保护与更新机制——以会理古城为例[J]. 四川建筑，2009，29（A1）：41–43.

[21] 罗潇. 谈洛带古镇的保护及改造和建设[J]. 山西建筑，2014，40（11）：12–13.

[22] 孙九霞. 传统村落：理论内涵与发展路径[J]. 旅游学刊，2017，32（01）：1–3.

[23] 孙志国，王树婷，黄莉敏，熊晚珍，钟学斌. 重庆物质文化遗产资源保护[J]. 重庆与世界（学术版），2012，29（07）：1–4.

[24] 赵勇，梅静. 我国历史文化名城名镇名村保护的现状、问题及对策研究[J]. 小城镇建设，2010（04）：26–33.

[25] 刘明祥. 千碉之国——莫洛村[J]. 小城镇建设，2006（09）：79–80.

[26] 王嵩. 浅议中国传统建筑再利用面临的问题[J]. 华中建筑，2008（10）：11–14.

[27] 周卫. 既有建筑——城市可再生空间资源[J]. 建筑学报，2005（01）：76.

[28] 叶茂. 中国古代建筑瑰宝——西秦会馆[J]. 四川建筑，2007（05）：49–51.

学位论文

[1] 张书勤. 建筑学视野下世界文化遗产保护的国际组织及保护思想研究[D]. 天津：天津大学硕士学位论文，2012.

[2] 汤丁峰. 优秀近现代建筑认定标准研究[D]. 广州：华南理工大学硕士学位论文，2012.

[3] 刘晔. 历史文化名城保护与城市更新研究[D]. 天津：天津大学硕士学位论文，2006.

[4] 黄雪. 四川巴中恩阳古镇空间形态研究[D]. 成都：西南交通大学硕士学位论文，2014.

[5] 邢益鸣. 安徽黟县西递宏村风水格局与水文景观探析[D]. 上海：上海交通大学硕士学位论文，2014.

[6] 王南希. 京西门头沟山区村落乡土建筑与景观研究[D]. 北京：北京林业大学博士学位论文，2014.

[7] 关格格. 黔东南侗族传统村落空间形态调查研究[D]. 西安：西安建筑科技大学硕士学位论文，2015.

[8] 赵亮. 地域文化在城市规划中的应用研究——以美岱召历史文化名村保护规划为例[D]. 西安：西安建筑科技大学硕士学位论文，2015.

[9] 段勇. 文化遗产保护与城市协调发展初探——泰山与泰安[D]. 天津：天津大学硕士学位论文，2004.

[10] 唐林. 城市规划制度建设与发展——西部大开发中重庆“传统街区改造”规范研究[D]. 重庆：重庆大学硕士学位论文，2001.

[11] 高瑞雪. 韩城历史城区历史建筑价值评估及分级保护策略研究[D]. 西安：西安建筑科技大学硕士学位论文，2021.

[12] 陈都. 广州恩宁路历史街区中异质建筑价值评价体系构建及再利用策略研究[D]. 广州：华南理工大学硕士学位论文，2017.

[13] 陈媛媛. 西安非物质文化遗产及建筑环境适应性保护研究[D]. 西安：西安建筑科技大学博士学位论文，2013.

[14] 樊欣欣. 基于可持续发展的文化遗产保护与再利用研究——以叶枝镇土司衙署恢复土建工程为例[D]. 昆明：昆明理工大学硕士学位论文，2015.

[15] 李梅. 我国历史文化名镇保护的立法研究：以《云南省和顺古镇保护条例》为例[D]. 重庆：西南政法大学硕士学位论文，2014.

[16] 周莹. 灾后文物重建问题研究：以都江堰二王庙文物保护工作为例[D]. 成都：西南交通大学硕士学位论文，2011.

[17] 李蔚. 建筑遗产再利用舒适性与安全性改造研究[D]. 天津：天津大学硕士学位论文，2016.

[18] 杨春. 汉中市西汉三遗址历史文化街区传统民居院落空间保护研究[D]. 西安：西安建筑科技大学硕士学位论文，2019.

后 记

《传统建筑保护与利用实践》一书，从立题到搜集整理资料、四处调研，再到编写出版，由于多种因素的影响，历时颇久。

本书的研究和出版得到了四川大学研究生院第二期研究生课程建设项目的支持，是我们团队的研究成果的一部分。同时，本书也是四川大学建筑系本科生和研究生课程教材。

本书编写时正值党的十九大召开，党的十九大报告指出："要加强文物保护利用和文化遗产保护传承。丰厚的文化遗存对于传承中华民族优秀文化精神、增强社会凝聚力和国家软实力具有不可替代的文化价值。"以此为指导，本书紧密结合国家相关政策，结合案例对传统建筑保护进行思考，具有一定的积极意义。笔者今后将继续致力于传统建筑保护的相关研究工作，衷心希望继续得到前辈同行的支持，并盼望能够引起更多的人关注、关心传统建筑。

在对传统建筑与古城、街区、村落等资源的保护和利用规划的研究中，本书是一个抛砖引玉的尝试。在研究过程中，笔者研究的广度和深度远远不够，书中还存在不少遗憾和不足，恳请广大读者批评指正。

对为本书提供传统建筑测绘资料的李沄璋老师、魏柯老师、陈一老师，四川农业大学的校友侯超平老师，负责为本书拍摄部分建筑照片的张磊老师，以及建筑系系主任赵炜老师一直以来给予我们团队的鼓励与经费资助，笔者在此表示诚挚的感谢。

最后，衷心感谢四川大学出版社的袁捷编辑、刘一畅编辑为本书出版所付出的辛勤劳动。

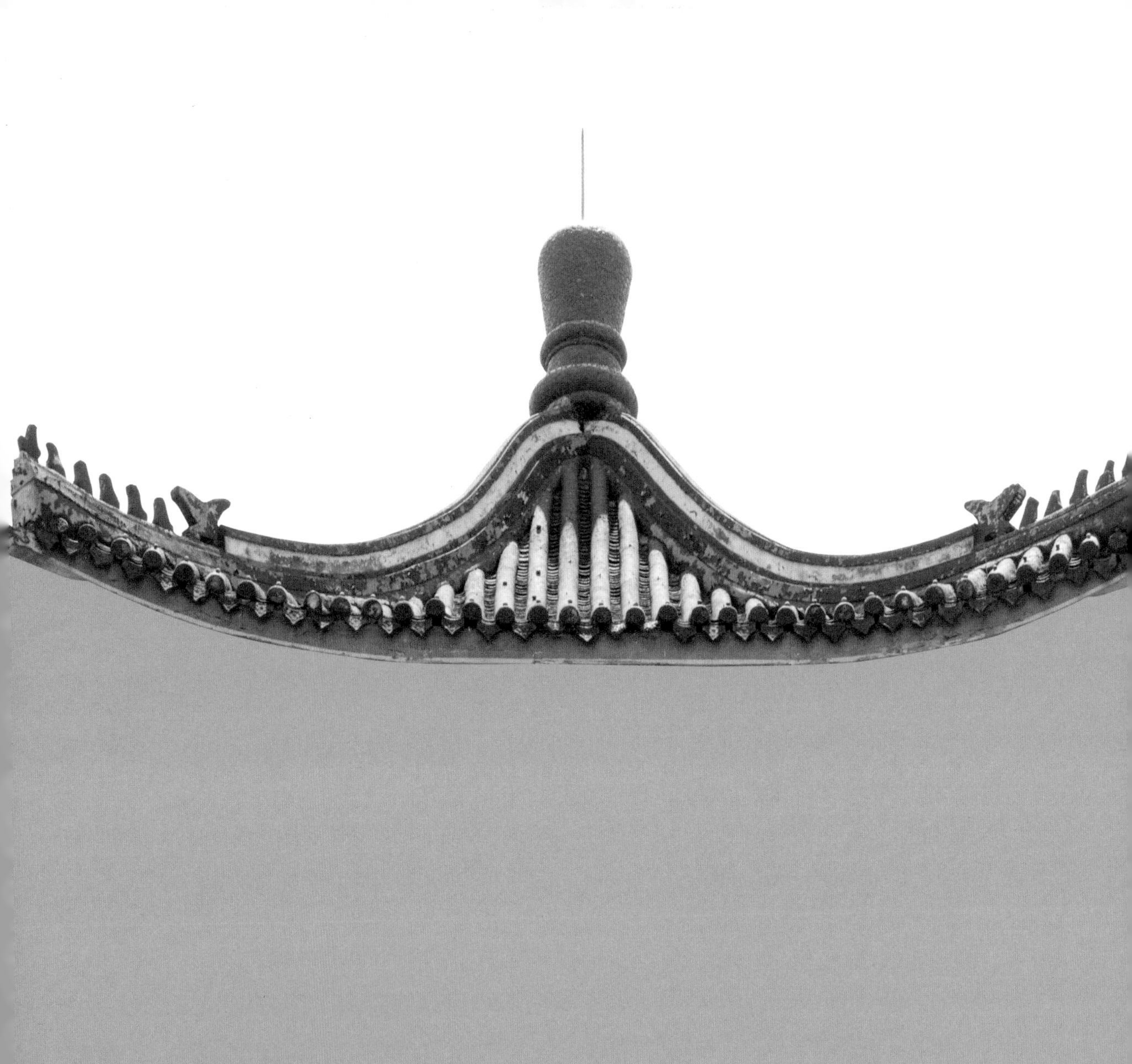